Der spirituelle CEO
Wie du aus deiner inneren Essenz und energetischem Marketing
ein 6-stelliges Business aufbaust
Siggy Reutter

AF271827

www.remote-verlag.de

Gestalte mit uns!

Werde Remote Club Member, nimm Einfluss auf unsere zukünftigen Bücher und profitiere von exklusiven Member Vorteilen.

SCAN ME

 Nimm an **Umfragen zu Titeln & Covern** teil und gestalte unsere Bücher aktiv mit

 Zugang zu **exklusiven Vorbestellungen** und vorzeitiger Lieferung vor Verkaufsstart

 Erfahre **als erstes** von neuen Büchern und erhalte Einblicke hinter die Kulissen

 ..und vieles mehr!

Siggy Reutter

DER *spirituelle* CEO

*Wie du aus deiner inneren
Essenz und energetischem
Marketing ein 6-stelliges
Business aufbaust*

Remote
Verlag

Bibliografische Information der Deutschen Nationalbibliothek

Die Deutsche Nationalbibliothek verzeichnet diese Publikation in der Deutschen Nationalbibliografie; detaillierte bibliografische Daten sind im Internet über http://dnb.dnb.de abrufbar.

Für Fragen und Anregungen:
info@remote-verlag.de

ISBN Print: 978-3-948642-06-8
ISBN Ebook: 978-3-948642-05-1

Zweite Auflage 2021
© 2021 by Remote Verlag, ein Imprint der Remote Life LLC, Oakland Park, US

Covergestaltung und Satz: Wolkenart - Marie-Katharina Becker,
www.wolkenart.com
Korrektorat: Katrin Gönnewig
Lektorat: Katrin Gönnewig
Redaktion: Maximilian Mika
Bildnachweis: Depositphotos.com

Abonnieren Sie unseren Newsletter unter: www.remote-verlag.de

Ein praktischer Ratgeber für bewusste Unternehmerinnen mit großen Ambitionen im Business und in ihrem Leben. Für Menschen, die nichts weniger als die Welt mit verändern wollen und über die Brücke in ihre innere und äußere Freiheit gehen wollen.

Man sieht nur mit dem Herzen gut.
Das Wesentliche ist für die Augen unsichtbar.

(Antoine, de Saint-Exupéry)

Dieses Buch ist für alle Menschen mit einem Ruf aus der Tiefe ihrer Seele – und die mit nichts weniger zufrieden sind, als ihn zu leben – und zwar großartig und frei!

Inhaltsverzeichnis

Einführung

Business

trifft

fühlendes Bewusstsein

Vorwort

Die Zeiten haben sich verändert. Wir Frauen – und zunehmend auch immer mehr Männer – wollen nichts weniger, als aus der Tiefe unseres Seins, aus der Tiefe unseres Herzens unser Leben führen und unser Business betreiben.

Wir sind nicht mehr bereit, männlich zu werden oder mit dem Ellbogen unseren Weg zum Erfolg über viele zurückgelassene Menschen zu verfolgen. Und um uns selbst noch dabei zu verlieren.

Ausgebrannt, überarbeitet sein?

Nein, wir wollen andere Dinge und wir wollen dabei gesund bleiben. Wir wollen die Brücke zur inneren und äußeren Freiheit überqueren.

Wir wollen uns nicht entscheiden, entweder Familie zu haben oder Karriere zu machen. Wir wollen auch nicht wählen zwischen persönlicher und finanzieller Erfüllung oder zwischen unserem seelischen Weg und äußerer Anerkennung.

Was wir mit Sicherheit wissen, ist, dass wir unseren Erfolg genießen wollen, und zwar nach unseren eigenen Regeln und Konditionen. Und so machen wir uns auf den Weg. Wir verlassen die Sicherheit einer Anstellung und wir wagen den Sprung ins Unbekannte und gründen unser eigenes Business.

Wir wollen unsere Ärmel hochkrempeln und wir lernen alles, was es zu lernen gibt, um großen Erfolg zu haben. Wir verbringen unzählige Stunden damit, all das, was wir gelernt haben, umzusetzen, damit wir irgendwann erfolgreich werden.

Zu anderen Zeiten fragen wir uns: Was kann ich noch tun, um all das zum Laufen zu bringen und wahrhaftig erfolgreich zu werden?

Ja, deinen Traum zu leben und dein eigenes Business zu betreiben, sind mit Sicherheit eines der aufregendsten Dinge, die du als Frau überhaupt tun kannst. Und es kann auch einige Probleme auf dem Weg bedeuten. Du wirst vielleicht sogar mit Problemen konfrontiert werden, von denen du noch nicht einmal wusstest, dass du sie hast, oder die du bereits hinter dir geglaubt hast.

Wenn du mal wieder endlose Stunden gearbeitet hast und dich in einem übersättigten Markt mit vielen anderen tummelst, deine Zeit nicht mit deiner Familie, sondern mit deinem Business verbringst, wenn du dich am Ende unterbezahlt fühlst und viel zu viel gearbeitet hast, kann der Zeitpunkt kommen, in dem du Zweifel hast.

Habe ich denn wirklich alles, was ich für ein Business brauche? Bin ich wirklich gut genug? Kann ich meine Träume wirklich erreichen? Kann ich ein großartiges, erfolgreiches Unternehmen aufbauen? Und zwar ein Unternehmen, das nicht nur mein Bankkonto füllt, sondern vor allem meine Seele? Ist das denn überhaupt möglich?

Es gibt so viele Anbieter, die dir irgendeine Formel verkaufen, die dir sagen *Du musst einfach nur Schritt eins, zwei und drei machen, und dann bekommst du dieses oder jenes Ergebnis.* Und jeder, der ein Business für mehr als ein paar Monate betrieben hat, weiß: So funktioniert es nicht.

Wenn es so funktionieren würde, dann wäre jeder erfolgreich, und es würde unglaublich viele Unternehmerinnen geben. Am Ende ist es so: Es gibt nur eine Person, die dir garantieren kann, dass du mit deinem Business erfolgreich bist – und das bist du.

Niemand außer dir selbst kann dir helfen. Ich gehe noch einen Schritt weiter. Es ist deine Energie, und zwar deine *bewusste* Energie, die dich am Ende des Tages wahrhaftig erfolgreich sein lässt. Es gibt so viele Strategien, die funktionieren, die auch richtig sind. Und dennoch gibt es unglaublich viele Menschen, die Jahr für Jahr ihre Business-Aktivitäten wieder aufgeben oder erst gar nicht zum Laufen bringen, eben weil sie etwas unterschätzen.

Und du siehst es selbst erst dann, wenn du beginnst, all das, was dich bis dato von deinem Unternehmenserfolg zurückgehalten hat, zu beseitigen. Wenn du begonnen hast, die Limitierungen deines Verstandes, deines Bewusstseins und auch deines emotionalen Körpers zu verstehen und zu beseitigen, dann kann außergewöhnliches Wachstum geschehen.

Dein Business kann nie außerhalb deines aktuellen Bewusstseins, Status und deiner inneren Haltung expandieren.

Es ist immer eine Reflexion dessen.

Ich selber habe das auf die harte Art und Weise gelernt. Obwohl ich energetische Therapeutin bin, seit vielen Jahren. Obwohl ich Wirtschafts- und Sozialwissenschaftlerin bin. Obwohl meine Eltern Unternehmer waren …

… habe ich meine eigene Energie nicht verstanden und nicht in mein Business integrieren können. Es kam der Punkt, ziemlich genau vor drei Jahren, als ich verstanden habe, dass ich Energie, Bewusstsein und Business zusammenführen möchte und dass dies mein Weg ist. Ich habe verstanden, dass es sonst keinen anderen Weg geben kann.

Das hat gleichzeitig dazu geführt, dass ich mit meinen tiefsten inneren Ängsten konfrontiert worden bin, nämlich mit meiner Ansicht, zu glauben, ich bin nicht gut genug, ich kann nicht genug. Mein Angebot ist nicht perfekt genug.

Erst als ich an meinen eigenen inneren Blockaden zu arbeiten begann und das zusammenfügt habe, was immer schon für mich zusammengehörte, ist auch mein Business gewachsen. Und dennoch gab es selbstverständlich immer wieder aufs Neue Punkte für mich, die es mir nicht ermöglichten, weiter zu wachsen oder den Durchbruch in verschiedene Regionen zu erzielen.

In der Tat hatte ich ein ganz bestimmtes Problem mit Geld, welches ich ein Jahr bearbeitete. Denn es gelang mir nicht, diese Schwelle zu übertreten. Erst als ich begann, aus meinem zukünftigen Business-Ich heraus zu agieren und nicht mehr in der Vergangenheit nach Gründen suchte, veränderte sich alles. Dieses Konzept zeige ich dir in einem der Kapitel und es ist ein zentrales Element von Bewusstsein und Business und Energie im Business.
Die Übungen, die ich dir im Verlauf dieses Buches vorstellen werde, um dein Business aus deinem zukünftigen Ich heraus zu betreiben, ermöglichen es dir, sofortige, großartige Durchbrüche zu erreichen.

Ich habe in den letzten Jahren teilweise leidvoll erfahren, dass mehr arbeiten nicht mehr Ergebnisse bringt. Ich kam immer wieder an meine Grenzen, meine Arbeitszeit, technischen Grenzen, aber auch meine mentalen und energetisch psychologischen Grenzen. Und irgendwann kam der Moment, in dem ich verstand, dass mehr arbeiten nicht die Lösung war – ganz im Gegenteil. Ich verstand, dass vor allem freudvolle Pausen, aktive Bewusstseins-Arbeit und ein Team die Basis für mein weiteres Unternehmenswachstum sind. Und genau so ist es geworden. Meine größten finanziellen Erfolge mit den besten Kundinnen habe ich immer dann, wenn ich weniger arbeite und mehr bin. Und das ist es, was ich dir in diesem Buch zuallererst vermitteln möchte.

Ich möchte dir zeigen, wie wichtig es ist, mit verschiedenen Tools und Elementen zu arbeiten, mit deinem zukünftigen Business-Ich und mit Klarheit und Zielorientierung. Und wie wichtig es ist, dass du für energetische Balance sorgst.

Das gilt in deinem beruflichen Leben, in deinem Privatleben, aber auch im Zusammenhang mit deinen Kundinnen, in deinem Marketing, in deinem Verkauf.

Und ich zeige dir in den nächsten Kapiteln auch, wie wichtig es ist, dass du sehr viel Selbstreflexion betreibst auf dem Weg zum spirituellen CEO. Ich zeige dir, was einen spirituellen CEO jenseits althergebrachter Wege ausmacht und wie sich ein spiritueller CEO sein Traumteam aufbaut.

Denn die Brücke zur inneren und äußeren Freiheit kannst du nicht alleine beschreiten. Du brauchst für die Erfüllung deines Traums ein Traumteam. Dein Team ist die Basis für dein weiteres Wachstum; die Basis, um eine wahrhaftige spirituelle Leaderin zu werden.

In diesem Buch arbeite ich insbesondere mit den Erkenntnissen der Quantenphysik und mit dem Gesetz der Anziehungskraft. Denn das, was wir denken und glauben, ist das, was wir bekommen.

Ob du willst oder nicht, du hast auf jeden Fall recht. Mit diesen Leitsätzen möchte ich dieses Buch begleiten und dich einladen, dich vertrauensvoll auf einen völlig neuen und ergänzenden Ansatz zu Business-Wachstum einzulassen.

Meine Philosophie ist eine ganzheitliche, systemische. Ich bin unheimlich dankbar, dass ich genau diese Ausbildung bereits in jungen Jahren an der

Universität Augsburg genossen habe. Diesen Ansatz aus der Systemtheorie, aus der Kybernetik und aus der Ganzheitlichkeit möchte ich an dich weitergeben.

Warum ist mir das so wichtig?

Als ich nach meinem Studium in die Business-Welt eintauchte, stellte ich ziemlich schnell fest, dass es etwas Essenzielles gibt, was nicht gelebt wird, was unter den Teppich gekehrt wird. Und zwar sind das die Gefühle und das Herz. Diese beiden Aspekte haben, ohne dass es mir bewusst war, bereits in Jugend-jahren und auch später als Studentin eine große und wichtige Rolle gespielt.

Schmerzlich wurde mir klar, als ich meine persönliche Karriereleiter in ver-schiedenen, teilweise globalen Konzernen erklomm, dass diese Eigenschaften in der Businesswelt ziemlich wenig gefragt sind. Sie werden entweder nicht gesehen oder ausgeklammert.

Ebenso, wie in der Ökonomie von einem rationalen Menschenbild ausge-gangen wird, pflanzt sich dieses auch in der betriebswirtschaftlichen Lehre fort, die eigentlich eine Sozialwissenschaft ist.

Das waren Punkte, die mir auf einer intellektuellen Ebene gefehlt haben und die mich gestört haben und noch mehr in der Arbeitswelt einen zuneh-menden inneren Schmerz in mir entstehen ließen. Es muss doch auch noch anders möglich sein. Als ich meine Angestelltenkarriere 2011 an den Nagel hängte, sagte mir eine Mitarbeiterin: *„Siggy, du bist die einzige Führungskraft in diesem Unternehmen, die sich wirklich für mich als Mensch interessiert.“*

Das war auf der einen Seite eine Ehre für mich, auf der anderen Seite hat es mich sehr traurig gemacht. Es war immer mein Anspruch, menschlich zu sein. Wir sind immer Menschen.

Das heißt nicht, dass wir keine Entscheidungen fällen, die auch einmal unangenehm sind. Es heißt nur, dass wir immer von Mensch zu Mensch und von Herz zu Herz sprechen, agieren und sein möchten. Und wenn wir alle aus unseren fühlenden Herzen mehr denken, sprechen und handeln, gehen wir automatisch auf eine andere, neue Bewusstseinsebene.

Und das ist auch der Grund, warum der spirituelle CEO geboren wurde.

Dieser Begriff bringt zum Ausdruck, dass du businessorientiert denkst, fühlst, arbeitest und handelst, dass du strategisch und aus einer übergeordneten Perspektive heraus wirkst, weil du weißt, dass du unendliches Bewusstsein bist und wir mehr sind als arbeitende und funktionierende Wesen, die nur nach dem beurteilt werden können, ob sie zu etwas nutze sind oder nicht.

Es ist völlig klar und transparent, dass wir mehr sind als das, dass wir multidimensionale Wesen sind, dass wir immer mit unserer Spiritualität verbunden sind. Egal ob wir sie aktiv leben, egal ob wir uns aktiv uns verbunden fühlen mit der Schöpferkraft oder mit dem Göttlichen in uns. Sie schwingt immer mit.

Aus meiner Sicht sind erfolgreiche Unternehmen der neuen Zeit immer auch spirituell, weil sie alle Dinge aus einer ganzheitlichen und übergeordneten Warte betrachten und unsere Multidimensionalität als Mensch und unser Herz und unser Gefühl integrieren.

Damit möchte ich ganz klar zum Ausdruck bringen, dass für mich Spiritualität und Business kein Widerspruch ist. Spiritualität und Business haben immer schon zusammengehört.
Ich lade dich nun also ein, dieses Buch zu lesen. Es auf dich wirken zu lassen, egal aus welcher Ecke du vermeintlich kommst.

Der spirituellen oder der rationalen.

Wenn du dich einer Seite zugehörig fühlst und es dir bisher schwergefallen ist, beides zusammen wirken zu lassen, dann hast du nun die Möglichkeit, in ein neues Sein einzutreten.

Profitiere auch von den vielen Übungen, die in diesem Buch enthalten sind. Leg das Buch immer wieder weg und nimm dir die Zeit dafür.

Mach dich ans Werk, mehr Energie, Ethik und Bewusstsein in dein Business einfließen zu lassen, dein tägliches Sein als spiritueller CEO einzusetzen und dein Unternehmen in Fülle und Fruchtbarkeit wachsen zu lassen.

Verbinde dich mit mir in den sozialen Medien und höre dir auch meinen aktuellen Podcast an. Alles für dein Wachstum als spiritueller CEO.

https://www.instagram.com/siggyreutter/
https://www.siggyreutter.com/
https://www.linkedin.com/in/siggyreutter/
https://www.facebook.com/groups/SpiritPreneur/
https://podcasts.apple.com/us/podcast/spiritpreneur-bringe-dein-leben-und-bewusstes-business/id1479530168

Zum Schluss des Vorwortes noch ein Hinweis: Ich spreche mit diesem Buch vor allem Frauen an, weshalb ich meistens auch die weibliche Form benutze. Selbstverständlich schließe ich damit aber auch immer die männliche Form (und umgekehrt) ein.

Herzliche Grüße, Siggy

Kapitel 1:
Grundlagen der Energieerhöhung

Ich möchte damit beginnen, dass ich dir meine persönliche Geschichte erzähle. Sie beginnt mit meiner größten Herausforderung. Vor einigen Jahren war ich am absoluten Tiefpunkt meines Lebens:

Mein derzeitiges (Offline-)Business war gerade dabei, sich in Luft aufzulösen. Das Geld, das ich in das Business investiert hatte, war ebenso futsch. Ich hatte einen Gerichtsprozess am Hals, finanzielle Probleme und es war klar, dass ich so einfach nicht weitermachen kann und will. Ich war gesundheitlich angeschlagen, emotional gestresst und voller Sorgen. So wollte ich wirklich nicht mehr weiterleben. Ich war energetisch und psychisch am Ende und wusste nicht mehr ein noch aus. Wie sollte ich meine Familie und mich selbst ernähren? Was sollte ich jetzt mit meinem Leben anfangen? Mit der Krise kamen unzählige Sinnfragen, die über mich hereinbrachen.

Aber ich wusste auch, dass ich die Antworten selbst finden musste. Als ich also begann, mir Gedanken darüber zu machen, was mir am wichtigsten in meinem Leben ist und was ich wirklich für mich selbst möchte, erinnerte ich mich an etwas, an eine Vision, die ich vor einigen Jahren für mich kreiert hatte. Und in dieser Vision lebte ich in Südeuropa. Das war mein Ankerpunkt zu dieser Zeit und der einzige Referenzpunkt, an den ich mich klammern konnte. Wie soll ich das erreichen, wenn ich noch nicht einmal weiß, womit ich in Zukunft mein Geld verdienen möchte? Ich fühlte mich schlecht. Ich fühlte mich klein. Ich fühlte mich wertlos.

War ich eine Versagerin, die es nicht geschafft hatte, eigenständig ein Business zu führen? Hatte mich eine Kette von Schwierigkeiten einfach so in die Knie gezwungen? Während ich in Selbstzweifeln versank, machte sich ein weiterer Gedanke in meinem Gehirn breit: Wie kann ich es überhaupt schaffen im Süden zu leben, ohne zu wissen, wie ich mein Geld verdienen kann und möchte?

Ich hatte das Gefühl, gar nichts mehr zu wissen. Ich wusste nur, dass ich mein Leben verändern möchte. Und zwar komplett. Ich wollte meine äußeren Umstände verändern und wie ich mich innerlich mit mir selbst fühle. Raus aus den negativen Gefühlen, der Angst, dem Sich-schlecht-Fühlen.

Also begab ich mich auf die Suche nach Möglichkeiten. Wie kann ich ortsunabhängig Geld verdienen, um mir meinen Traum zu erfüllen? Mir war klar, dass das, was ich gelernt habe, meine vielen Jahre Berufserfahrung, irgendwie integriert werden müssen in das, was ich zukünftig tue.

Und da ich das Internet liebe, habe ich eben jenes natürlich genutzt und las und las.

Und genau da stolperte ich über diesen Begriff „ortsunabhängig arbeiten", der mir nicht mehr aus dem Kopf ging. Das habe ich weiterverfolgt und es hat nicht lange gedauert, bis ich zu den digitalen Nomaden kam. In diesem Moment wusste ich, DAS ist es. Das wird mich retten. Jetzt kann ich nach Südeuropa gehen und von überall aus arbeiten. Das war 2015.

Meine kleine Familie und ich packten all unsere Sachen zusammen und zogen gen Süden. Genauer gesagt nach Italien. Dort verbrachte ich den Sommer und stellte fest, dass es mir schon viel besser ging. Denn ich war tatsächlich einem seelischen Impuls gefolgt. Und ich bin dem Weg meiner Freude gefolgt, ein guter und wichtiger Anfang. Trotzdem wusste ich noch lange nicht, was ich wollte. Dieser Impuls, nach Italien zu gehen, erschien zunächst gegen alle Logik. Alles war um mich herum zusammengebrochen, meine finanzielle Zukunft stand in den Sternen und trotz allem – oder vielleicht gerade deswegen – habe ich alles zusammengepackt und bin meinem Seelenwunsch gefolgt. Ich habe mich auf meine Vision verlassen und bin dem gefolgt, was mir absolute Freude bereitet. Denn ich wollte in Südeuropa am Meer und in der Sonne sein. Und so verbrachte ich mehrere Monate in der Sonne am Meer und tankte wieder auf.

Und so stellte ich fest, dass ich einfach vertrauen muss. Darauf, dass das mein Weg ist. Und dass die Antworten zu mir kommen, wenn ich die richtigen Fragen stelle.

Was macht mir Freude?

Was tankt mich auf?

Was lässt mich positiv vibrieren?

Was gibt mir das Gefühl, dass ich innerlich erfüllt bin?

Als ich diese Fragen beantwortet habe, habe ich herausgefunden, was mich stärkt.

Diesem Weg bin ich gefolgt.

In diesem Sommer habe ich vieles losgelassen. Und gleichzeitig vieles neu gewonnen. Ich wusste, dass ich Unterstützung brauchen werde, um mein ortsunabhängiges Unternehmen aufzubauen.

Ich hatte damals noch keine Ahnung, was ich konkret will. Aber ich hatte verstanden, dass es wichtig ist, meinen seelischen Impulsen zu folgen. Dass ich mir eine freudvolle Umgebung entwerfen muss. Dass ich mich von Altlasten immer mehr entfernen kann. Dass ich mich dem zuwenden muss, was ich wirklich aus tiefstem Herzen will.

Und so habe ich begonnen, mir Schritt für Schritt mein neues Leben aufzubauen. Schritt für Schritt hin zur ortsunabhängigen Unternehmerin. Alles hat damit angefangen, dass ich meinen Instinkten vertraut habe und meinen seelischen Impulsen nachgegangen bin, auf meinem Weg der Freude.

Diese ersten Schritte in mein neues Leben, in meine neue Identität waren es, die mich heute an dieser Stelle stehen lassen, an der ich bin. Heute bin ich eine erfolgreiche Unternehmerin als integral-energetischer Life- und

Businesscoach. Ich habe mein Leben komplett verändert; mich selbst komplett gewandelt.

Wie ist das passiert? Im ersten Schritt musste meine alte Existenz zusammenfallen. Erst im Nachhinein ist mir aufgefallen, wie wenig ich sie eigentlich gemocht habe. Ich hatte mir ein Leben aufgebaut, dass aus einem Zwang von außen heraus entstanden war, weil ich nie die Möglichkeit sah, Nein zu sagen, oder mich nie selbst genug wertgeschätzt hatte.

Und weil ich nicht die Größe hatte, tatsächlich an mich selber zu glauben und eventuelle Ablehnung in Kauf zu nehmen, wenn ich zu etwas nicht Ja sage.

Das habe ich Schritt für Schritt gedreht, als ich verstanden habe, wie wichtig es ist, auf diesem Weg in mein freudvoll blühendes Business und Leben tatsächlich alles nach meinen Wünschen zu gestalten. Mich von meinen alten Lasten zu befreien, meinen seelischen Impulsen zu folgen und zu schauen und zu spüren, was mir wirklich Freude bereitet. Und genau das gebe ich heute in meinen Programmen weiter. Denn meistens stehen meine Kundinnen vor ähnlichen Herausforderungen. Sie möchten entweder ihr Leben oder zumindest ihr Business-Modell komplett verändern. Sie spüren, dass es so, wie es gerade läuft, für sie ebenfalls nicht weitergehen kann – im Leben und im Business.

Meistens liegt es daran, dass Sie den Zugang zu ihrer inneren freudvollen Quelle verloren haben und nicht mehr ihren seelischen Impulsen folgen oder ihre seelischen Impulse nicht mehr hören und wahrnehmen.

Was kannst du, wenn du in einer ähnlichen Situation bist, im ersten Schritt für dich tun?

Mach eine Übung: Ich empfehle dir, dass du beginnst in dich zu gehen, in dir selbst zu spüren, was wäre, wenn alles möglich ist? Was wäre, wenn es keine

Schranken gibt? Was wäre, wenn es keine Rolle spielen würde? Wenn ich jetzt komplett mein Sein und mein Leben so führe, wie ich es mir insgeheim immer schon gewünscht habe?

Schreib diese Fragen nieder, leg dieses Buch erst einmal weg und gehe in dich. Widme diesen Fragen ausgiebig Zeit.

Wenn du diese Fragen beantwortest, dann zensiere dich nicht, sondern erlaube dir tatsächlich, das Leben als ein Spiel zu sehen. Schreibe alle Möglichkeiten auf und wenn sie dir noch so verrückt erscheinen. Schreibe alle Möglichkeiten auf, von denen du schon immer insgeheim geträumt hast. Auch die, die du noch nicht gewagt hast, als Möglichkeiten in Betracht zu ziehen.

Durch diese Übung kannst du viel über dich selbst erfahren, darüber, was deine seelischen Beweggründe und seelischen Wünsche sind. Mache diese Übung nicht aus dem Kopf, sondern aus dem Herzen heraus. Frag dich nicht, was „vernünftig" wäre, sondern frag dich, was du wirklich willst.

Für mich ist diese Übung der erste Grundstein dafür, eine komplett neue Energie zu entwickeln, auf der du danach aufbauen kannst. Die Frauen, die in meinen Programmen sind, befinden sich selbst oft in einem energetisch schwierigen Zustand oder in einem Zustand, der energetisch noch nicht aufgeladen ist.

Sie haben den Zugang zu ihren seelischen Regungen ein Stück weit verloren und eigentlich wissen sie das auch. Aber sie spüren sie nicht mehr und vor allem spüren sie ihre tagtägliche Freude nicht mehr.

Und damit das wieder möglich werden kann, empfehle ich dir: Schau, was du im Alltag benötigst. Schau, was dich in einen freudvollen Zustand bringt. Das könnte zum Beispiel die Wiederaufnahme von kreativen Hobbys sein, vielleicht möchtest du tanzen oder singen. Das muss auf den ersten Blick gar nichts mit Business zu tun haben. Aber ich werde dir gleich zeigen, warum es doch sehr viel damit zu tun hat.

Denn deine Energie spiegelt auch gleichzeitig den Erfolg wider, den du in deinem Business hast.

Wenn du also mehr Erfolg in deinem Business und in deinem Leben erzielen möchtest, ist die allererste wichtige Aufgabe, dem Pfad der Freude zu folgen und freudvoll deinen Alltag zu gestalten, freudvoll dein Business zu gestalten.

Der Erfolg deines Business baut auf deiner eigenen Energie und deinen eigenen Schwingungen auf. Wenn du also müde und ausgelaugt bist, wenig Zugang zu deiner innersten seelischen Quelle und wenig Freude spürst, ist es ein ganz deutliches Zeichen dafür, dass du noch nicht das komplette Potenzial in deinem Business lebst. Du hast vielleicht Schwierigkeiten. Es ist mühsam. Du hast mit Kundinnen zu tun, mit denen du vielleicht nicht gerne zusammenarbeitest. Oder du hast überhaupt keine Idee, was du machen möchtest.

Schwierige Grundvoraussetzungen!

Wenn du allerdings weißt, was dir wirklich Freude bereitet, kannst du hier anfangen.

Ab jetzt Schritt für Schritt, für mehr Freude im Leben.

Deine Babyschritte in die Freude

Du musst gar nicht mit großen Gesten anfangen. Du musst nicht tagtäglich ein Hobby betreiben, in eine Ausstellung gehen, eine Oper oder ein Konzert ansehen, ein neues Kleidungsstück kaufen. Die größte Freude, die wir im Leben haben können, kommt von innen heraus.

Innere Freude lässt sich mit den richtigen Tools ganz einfach kultivieren.

1. Entwickle mehr Dankbarkeit

Durch Dankbarkeit bringst du mehr Freude in dein Leben, Freude an den kleinen Dingen im Alltag.

Wenn du morgens aufstehst, kultiviere als Erstes Dankbarkeit mit deinen ganz eigenen Affirmationen.

Wir haben so vieles, für das wir dankbar sein können. Hier findest du meine:
Danke, dass ich am Leben bin.
Danke für diesen Schlaf.
Danke für diese Nacht.
Danke für das, was mir heute Wunderbares widerfahren wird.
Danke für all die wunderbaren Begegnungen, die ich haben werde.
Danke für das Dach über meinem Kopf.
Danke für das Essen, das ich täglich essen darf.
Danke für alles, was in meinem Leben ist.
Danke für meinen Partner, danke für meine Kinder.
Danke für mich selbst.
Danke, dass ich für mich sorge und mich um meine Bedürfnisse kümmere.

Spüre diese Dankbarkeit in deinem Herzen. Nimm dir dazu jeden Tag Zeit. Lass diese Dankbarkeit zu einer ständig gegenwärtigen Stimme in deinem Kopf werden und richte dich danach aus. Dabei kommt es nicht auf Vollständigkeit an. Wenn du etwas vergisst, ist das nicht schlimm.

Danke dir selbst, dass du vergessen hast, danke zu sagen. Danke, dass du es jetzt tust. Dankbarkeit zu kultivieren gehört zu meinen täglichen Ritualen.

Allein dadurch werden sich deine Energie und deine Schwingungen in deinem Leben und auch in deinem Business drastisch erhöhen.

2. Vergib dir und anderen

Das zweite Tool, das ich dir ans Herz lege, ist das Tool der Vergebung. Ich möchte dir ein Ritual vorstellen. Unser härtester Kritiker sind in der Regel wir selbst. Vor allem, wenn es um Lösungen für den Erfolg im Leben und Business geht. Deshalb ist es umso wichtiger, dass du dich im ersten Schritt mit dir selbst versöhnst. Mit dir selbst und denjenigen, mit denen du dich umgibst.

Das Ritual ist ein kleiner Dialog, den du immer dann anwenden kannst, wenn du dich im Alltag über jemanden oder etwas ärgerst.

Wenn du negative Gedanken entwickelst oder jemandem die Schuld für etwas geben möchtest, seien es deine Kinder, dein Partner, ein Businesspartner, deine Eltern.

Wenn du dich ärgerst, fühlst du dich häufig verletzt oder nicht gesehen und lässt zu, dass du dich in einen nicht freudvollen Zustand begibst. Achte einmal selbst darauf, wie häufig das in deinem Alltag eigentlich passiert.

Wann immer du spürst, dass es wieder so weit ist, atme tief durch und sage dieses kleine Ritual in deinem Kopf. Spüre ganz tief, wie ernst du es meinst mit diesem Ritual. „Es tut mir leid. Ich liebe dich, verzeih mir. Danke." Und dann lass es los. Dieses Ritual lässt sich auf jede Situation anwenden, in der du Ärger oder Frustration empfindest. Lege deine Hand aufs Herz und sage: „Es tut mir leid, ich liebe dich, verzeihe mir. Danke!"

Dieses Ritual ist ein sehr mächtiges Tool ist, das dich in einen expandierenden energetischen Zustand bringt.

Wenn du es regelmäßig verwendest, wirst du innerhalb kürzester Zeit eine dramatische Verbesserung deines inneren, positiven Zustands verspüren. Und deine Beziehungen zu dir selbst und zu anderen werden innerhalb kürzester Zeit harmonisch, ausgeglichen und freudvoll werden.

Das ist eine wichtige Voraussetzung dafür, dass du die Energie in deinem Business steigerst. Mehr Energie für dich selbst und höhere Schwingungen sind genau das, was dir mehr Erfolg im Business bringen wird.

Du musst nicht mehr arbeiten, um mehr Erfolg zu haben, es geht vielmehr darum, deinen inneren Zustand, deine Schwingungen und deine Energie zu erhöhen.

Wie geht es jetzt weiter?

Du hast bereits drei wichtige Tools gelernt, um deine Energie zu erhöhen.

Du hast dir aufgeschrieben, welches Leben du führen möchtest, und gelernt, Dankbarkeit und Vergebung zu kultivieren.

Wenn du diese Rituale regelmäßig durchführst, wirst du schnell feststellen, dass sukzessive etwas mit dir passiert. Du trittst in Verbindung mit deinem höheren Selbst und dem Universum. Du dringst in eine andere, völlig neue Dimension vor.

Um diesen Prozess zu unterstützen, empfehle ich dir außerdem noch etwas Zusätzliches: Achte auf deine Ernährung. Integriere mehr frisches Obst und Gemüse in deinen Alltag und reduziere oder vermeide Fleisch komplett.

Die Nahrungsmittel, die du zu dir nimmst, sollten frisch und naturbelassen sein. Verzichte so viel wie möglich auf Fertiggerichte und ernähre dich statt-dessen pflanzlich.

Ich selbst bin seit über 30 Jahren überwiegend Vegetarierin, nahezu vegan, und ich weiß, dass diese Ernährung einen energetisch hoch schwingenden Körper mit sich bringt. Du kannst noch einen Schritt weitergehen und dich auch eine Zeit lang rein pflanzlich ernähren oder zusätzlich Vitalstoffe zu dir nehmen.

Verzichte aufs Rauchen und trinke wenig bis gar keinen Alkohol. Vermeide ebenso zuckerhaltige Getränke und Nahrungsmittel.

All diese Dinge machen dich krank und verhindern, dass du deine Energie und deine Schwingung hörst und mehr Erfolg in deinem Leben und Busi-ness erlebst.

Genauso solltest du dich regelmäßig bewegen und an der frischen Luft aufhalten. Am besten natürlich in der Natur, am Meer oder im Wald, ein Park funktioniert ebenso.

Wenn du in einer Stadt lebst, versuche dich so viel wie möglich mit Grün zu umgeben, und gehe tagtäglich mindestens eine halbe Stunde zu Fuß. Oder treibe einen Sport, der dich dabei unterstützt, Glück in deinem Leben zu kultivieren.

Ich bin Freude. Ich bin dankbar. Ich kann vergeben und ich lasse los.

Kannst du diese Zustände auf deiner Identitätsebene erzeugen, helfen sie dir dabei, dich von Altlasten zu befreien, ohne dass du eine langjährige Therapie machen und dich stundenlang mit ihnen beschäftigen musst.

Wenn du diese Übungen praktizierst, wirst du etwas für dich feststellen. Du spürst, dass sich eine Verbindung herstellt. Diese Verbindung ist die Verbindung mit deinem höheren Selbst und darüber hinaus mit dem Universum.

Was ist das höhere Selbst? Dein höheres Selbst ist dein weiser Ratgeber, der dir immer hilft, den nächsten Schritt zu gehen.

Und das Universum? Die Schöpferquelle, Gott. Nenne es, wie du möchtest. Das Universum ist deine stärkste Hilfe in deinem Leben. Es ist deine Zuflucht, deine Unterstützung.

Das Universum ist dein größter Helfer und ich kann dir sagen, dass du im Leben nicht alles alleine bewerkstelligen muss. Wenn du das Gefühl hast, dass du selbst nicht weiterkommst, empfehle ich dir eines: Gib es an das Universum ab und vertrau darauf, dass es dir hilft.

Wenn du diese kleinen Schritte jeden Tag gehst, wirst im Laufe der Zeit mehr Energie im Leben, im Bewusstsein und im Business spüren.

Deine Verbindungen werden immer intensiver werden. Dieser Prozess passiert automatisch, sobald du dich tagtäglich in einen höheren energetischen Zustand bringst, ohne dabei notwendigerweise tief zu schürfen oder wirkliche Vergangenheitsbewältigung zu betreiben.

Dein höheres Selbst ist ein weiser Ratgeber. Du kannst es dir als eine Instanz vorstellen, die deinen wahrhaftigen Zustand darstellt.

Im Alltag operieren wir oft aus unserem Ego heraus. Das zeigt sich zum Beispiel dann, wenn du dich in immer wiederkehrenden Gedankenspiralen befindest. Wenn du dich immer wieder um dich selbst drehst, wenn dir immer wieder die gleichen Dinge passieren. Wenn du Ängste und Sorgen hast, wenn du dich deprimiert fühlst. Wenn du dich selbst niedermachst und von anderen niedermachen lässt.
Wenn du nicht auf deine seelischen Impulse hörst und insgesamt auf einer niedrig schwingenden Frequenz bist, bist du immer in deinem Ego verhaftet.

Das Ego ist nicht schlecht. Es hilft uns, den Willen zum Überleben aufzubringen, erfolgreich sein zu wollen, etwas entwerfen zu wollen, dranzubleiben. Das Ego ist also eine Instanz in uns, die sehr wohl ihren Platz hat. Ich empfehle dir aber, wenn du wahrhaftig erfolgreich sein möchtest, mehr nach deinem höheren Selbst zu leben und dir das Universum als Helfer an deine Seite zu holen.

Denn, wenn du mit der Quelle verbunden bist, wird deine kreative Energie plötzlich fließen. Du wirst Inspiration wie einen Lichtblitz erfahren. Dein höheres Selbst ist immer ohne Limits, immer unendlich, immer in der

Expansion, immer im Wachstum, immer liebevoll, immer unterstützend, sieht dich als Ganzes, möchte dich liebevoll begleiten, möchte dich in Richtung der seelischen Wünsche unterstützen. Hörst du diese liebevolle Stimme in dir? Das ist dein höheres Selbst. Schließ einfach einen Moment deine Augen und geh auf eine kleine Reise in dich selbst.

3. Reise zu deinem höheren Selbst

Stell dir dich selbst in einer Landschaft deiner Wahl vor. Lauf ein bisschen darin herum, schau dich um, wie sie ist, wie sie sich verändert, während du sie durchschreitest.

Vielleicht ist es eine wunderschöne Landschaft voller Hügel, vielleicht bist du am Meer. Das spielt keine Rolle.

Kannst du einen Weg sehen?

Auf diesem Weg gehst du, du gehst ihn entlang und entdeckst seine Umgebung. Du siehst, was es so alles am Wegesrand gibt. Blüten und Blumen wie wunderschöne, funkelnde Steine. Schau dich immer wieder um und nimm deine Umgebung bewusst wahr.

Vielleicht steigst du langsam einen Berg hinauf. Der Anstieg ist sanft, der Weg windet sich angenehm. Und während du weiter hinaufgehst, nimmst du die Vögel wahr, die im Hintergrund zwitschern. Schmetterlinge und die anderen Tiere. Das Licht der Sonne, das dich umspielt. Geh ohne Anstrengung diesen Berg hinauf. Und fast auf der Spitze siehst du eine Bank. Auf diese Bank setzt du dich nun. Nimm wahr, was um dich herum geschieht. Du sitzt oben auf dem Berg und siehst die ganze Landschaft zu deinen

Füßen. Du siehst den Weg, den du hinaufgestiegen bist. Und du freust dich, dass du angekommen bist, dass du nach oben auf diesen Berg gegangen bist und dir das Leben von oben ansiehst. Erfreue dich an dem, was du siehst. Und während du dort sitzt, spürst du von der Seite oder von hinten plötzlich eine lichtvolle, große Instanz.

Du spürst ihre Energie und sie fühlt sich ganz vertraut an. Es kribbelt an deinem oberen Kopf und vielleicht auch zwischen deinen Augenbrauen. Dich durchfährt ein Glücksgefühl in dem Moment, in dem die Stimme von hinten sagt: „Ich freu mich, dass du hier bist. Und ich freue mich, dass du bei mir bist. Ich möchte dich herzlich willkommen heißen. Ich bin dein höheres Selbst." Und während dein höheres Selbst spricht, spürst du, wie ihr langsam miteinander verschmelzt und eins werdet. Du spürst, wie du dich immer mehr ausbreitest und größer wirst. Dein drittes Auge fängt noch mehr an zu kribbeln und du spürst, wie Energie dein ganzes Sein durchflutet. Du beginnst zu lächeln. Du fühlst dich unheimlich dankbar, dass du dich auf den Weg gemacht hast, dich mit deinem höheren Selbst zu verbinden.

Das höhere Selbst sagt dir, wie unheimlich dankbar es ist, dass du dich auf den Weg zu ihm gemacht hast.

Und du weißt in diesem Augenblick, dass du fortan nie mehr ohne dein höheres Selbst, ohne die Verbindung wahrzunehmen, in deinem Leben sein möchtest. Höre dich selbst, sag zu dir: „Meine Liebe, mein Lieber, ich danke dir, dass du hier bist. Und ich danke dir, dass du dich erinnerst. Ich danke dir, dass wir fortan immer zusammen sind und zusammen zu deinem höchsten Wohle handeln werden. Das versprechen wir uns und wir werden dieses Versprechen erneuern." Spürst du, wie du immer mehr von einem Glücksgefühl durchflutet wirst? Deine Schwingungen erhöhen sich und du empfängst plötzlich ganz viele Informationen aus einer höheren Sphäre.

Diese Informationen dringen durch das Kronenchakra in deinen Schädel ein. Wie ein leicht prasselnder Sommerregen, wie kleine funkelnde Diamanten durchdringen sie den oberen Bereich deines Kopfes, durchströmen deinen ganzen Körper und durchdringen dein ganzes Sein, dein energetisches Feld. Du spürst, wie eine große Reinigung stattfindet und du mit dem Licht und neuen Quellcodes durchflutet wirst. Du badest gemeinsam mit deinem höheren Selbst noch einen weiteren Moment in dieser wunderbaren Energie. Und wenn du spürst, dass jetzt der Moment ist, dass du weitergehen kannst, dann stehst du langsam auf und behältst die Verbindung zu deinem höheren Selbst. Ihr wart nie wirklich voneinander getrennt. Du hast es nur nicht wahrgenommen. Nun gehst du leicht und beschwingt den Berg hinab.

Du nimmst wahr, was du für dich erfahren hast.

Die immensen energetischen Schwingungen und die erhöhte Vibration, die du erfahren hast. Du fühlst dich unendlich dankbar, dass du diese Verbindung wieder aufgenommen und endlich wieder Zugang zum unendlichen Fenster des Universums hast.

Genieße nun diesen Moment, mache eine Pause, lege vielleicht dieses Buch für einen Moment weg. Genieße, was jetzt alles zu dir kommt an Informationen.

Ein Glücksgefühl. Du hast jetzt einen Zugang zum unendlichen Raum der Möglichkeiten. Dazu habe ich dich bereits im ersten Teil dieses Kapitels eingeladen.

Jetzt bitte ich dich, dir erneut die Fragen vom Anfang anzuschauen.

Wenn du alles kreieren könntest: Was würdest du wählen.

Was würdest du tun, wenn es dir absolut egal wäre, was andere von dir denken?

Was würdest du tun, wenn du vor nichts Angst hättest?

Bleibe dabei immer in Verbindung mit deinem höheren Selbst und erlaube dir, zu sehen, was aus dem Fenster des Universums an Antworten und Unterstützung zu dir kommt.

Schalte alle Sensoren, alle Ängste aus. Du hast zwei mächtige Helfer: dein höheres Selbst, das wieder mit dir verbunden ist, und das Universum als mächtiger Mentor auf deinem Weg. Mit diesen Erkenntnissen, mit diesen Grundlagen und Tools, bist du nun vorbereitet, die Energie in deinem Leben und in deinem Business ins gewünschte Maß weiter ansteigen zu lassen und das zu erreichen, wovon du schon immer geträumt hast.

Zusammenfassung

Du hast gelernt, wie wichtig es ist, seinen seelischen Impulsen zu folgen und sich bedingungslos zu fragen: Was wünscht meine Seele sich, was wünsche ich mir aus meinem tiefsten Herzen? Im zweiten Schritt folge dem Weg deiner täglichen Freude. In den kleinen Dingen liegt unsere größte Freude begründet.

Dann hast du außerdem zwei mächtige Tools kennengelernt. Du hast das Tool der täglichen Dankbarkeit kennengelernt und das Vergebungsritual. Diese Tools kannst du ab sofort täglich anwenden, um deine Energie zu erhöhen. Im nächsten Schritt hast du dich mit deinem höheren Selbst verbunden.

Du hast den Zugang zu den unendlichen Möglichkeiten des Universums kennengelernt oder wiedererlangt, aus dem du ab sofort bedingungslos deine Inspirationen empfangen kannst.

Du hast auch gelernt, was dein Ego ist bzw. war und erkennst die Zeichen dafür, dass du aus deinem Ego heraus agierst. Und du weißt nun, dass du aus deinem höheren Selbst mehr Freude, mehr innere Leichtigkeit, mehr Energie und auch mehr Erfolg für dein Leben und für dein Business generieren kannst.

Kapitel 2:

Handle aus der Tiefe deines Seins

Ihr werdet die Wahrheit erkennen und die Wahrheit wird euch frei machen.

(Johannes 8:32)

Im ersten Kapitel hast du bereits dein Selbst kennengelernt und dich mit ihm verbunden. Du weißt nun, dass du mehr bist als nur dein Körper. Und du weißt auch, dass du mehr bist als deine Emotionen, deine Gefühle. Durch die Verbindung mit deinem höheren Selbst bist du eine Stufe weitergegangen, über das hinaus, was du sonst in der materiellen Welt bist und glaubst, sehen zu können. Du bist in das Feld des unendlichen Bewusstseins eingetreten.

Ich empfehle dir, dass du täglich trainierst, aus dieser neuen, erweiterten Perspektive zu sehen. Dabei kann dir eine ganz einfache Übung helfen, mit der du jeden Tag mehr experimentieren kannst.

Übung: Wie du täglich immer mehr deine Herzensregungen wahrnimmst und nach ihnen lebst

Die Übung selbst ist sehr einfach und du musst letztendlich nicht verstehen, wie sie funktioniert.

Du kannst dir tagtäglich Zeit nehmen, dich mit dem Aspekt deines höheren Selbst zu verbinden, indem du beide Hände auf dein Herz legst. Atme tief aus der Erde heraus ein und zieh deinen Atem hinein in dein Herz. Das geht ganz einfach über deine Füße und dann über deinen Damm (dort ist ein wichtiger Energiepunkt), über deinen Unterleib, Nabel und Solarplexus in dein Herz. Spüre die Verbindung. Du kannst sie dir als eine Schnur vorstellen. Wenn du mit dem Konzept der Chakren vertraut bist, (das sind energetische Zentren im Körper ähnlich wie in der Akupunktur), kannst du dir vorstellen, dass diese imaginäre Schnur deine Chakren durchläuft. Oder du stellst dir eine Verbindungsschnur vor, die aus dem Mittelpunkt der Erde über deine Füße hineinragt, sich durch die Mitte deines Körpers bis in dein Herz zieht.

Dieselbe Verbindung zu dir besteht ebenfalls von oben. Aus dem unendlichen Universum herab zieht sich diese Verbindung durch deinen Scheitelpunkt, zwischen den Augen durch deinen Hals. In deinem Herzen verbinden sich beide Energiepunkte miteinander. Mit jedem Einatmen holst du dir diese Energie aus dem unendlichen Fenster des Universums, aus den unendlichen Tiefen der Erde und lässt sie sich verbinden in deinem Herzen.

Diese Verbindung ist ein mächtiger alchemistischer Prozess. Hier verbinden sich das männliche Element aus dem unendlichen Fenster des Universums mit dem weiblichen Element aus den unendlichen Tiefen, aus dem Mittelpunkt der Erde, miteinander in deinem Herz. Sie verbinden sich zu einer Einheit, zu einer großen neuen Balance, zu Yin und Yang, zu einem neuen Gebilde zu einem neuen Universum in dir!

Dieses neue Universum in dir kannst du mit jedem Atemzug expandieren lassen. Atme tief ein und stell dir vor, dass du größer wirst. Aus deinem Herzen heraus wächst das Universum und expandiert. Es wird größer und größer, wächst über deinen physischen Körper hinaus. Die Quantenphysik lehrt uns, dass Raum und Zeit eine Illusion sind, deshalb kannst du dich in die Unendlichkeit ausdehnen.

Das ist die Grundvoraussetzung dafür, dass du dich aus der Tiefe deiner Seele heraus tatsächlich wahrnimmst. Du bist eins mit dem Universum und das Universum ist in dir. Du bist die Quelle. Du bist der Beginn und du bist das Ende. Das ist Einheitsbewusstsein und der Beginn des spirituellen CEOs in dir.

Sobald du begonnen hast, dich aus deiner Mitte deines Herzens wahrzunehmen, wird dein Leben ein neues und völlig anderes sein. Du wirst auf diesem Weg immer wieder Hindernissen und vermeintlichen Blockaden begegnen. Ich empfehle dir, kümmere dich gar nicht so sehr um sie. Nimm sie einfach wahr. Vertraue und sei dir sicher, dass alles leichter geht, als du dir gerade vorstellst.

Wenn du aus deinem Einheitsbewusstsein und aus der Tiefe deines Seins heraus dein Business erfolgreich auf- und ausbauen bzw. expandieren willst, dann ist es wichtig, dass du zu Beginn Folgendes tust:

Triff eine Entscheidung

Diese Entscheidung ist die Basis deiner persönlichen und beruflichen Entwicklung. Wenn du dir deines unendlichen Bewusstseins gewahr geworden bist und beginnst, aus der Tiefe deines Seins deinen Regungen und deinem Herzen zu lauschen und den Bewegungen deiner Seele nachzugehen, dann ist es an der Zeit eine Entscheidung zu treffen:

Folge ohne Wenn und Aber den Regungen deines expandierten Bewusstseins aus der Tiefe deines Herzens heraus.

Deine äußere Situation spielt dabei keine Rolle. Es spielt ebenfalls keine Rolle, den Weg zu kennen oder die Details. Es ist egal, wann das Ergebnis eintrifft. Das ist nicht dein Job. Das ist der Job des Universums, das für dich sorgt. Triff also eine Entscheidung aus deinem expansiven Bewusstsein heraus und tritt in dieses neue Sein ein.

So kannst du dein komplettes Leben verändern. Alles, was du brauchst, um diese Veränderung zu erfahren, passiert normalerweise nicht über Nacht. Tägliches Praktizieren bringt dich in Verbindung mit dem unendlichen Bewusstsein in der Tiefe deines Seins. Mit der Zeit beginnst du zu hören – und zwar deine Seele und Intuition.

Geh nach wie vor den **Weg der Freude** und nimm die Kleinigkeiten wahr, die dir tagtäglich Freude bereiten. Dabei musst du kein Endresultat im Kopf haben, sondern kannst einfach der reinen Freude folgen. Schon die griechischen Philosophen sahen die freudige Glückseligkeit im Leben als höchstes Ziel an. Es geht um das reine Sein, das Empfinden purer, ungetrübter Freude. Dafür musst du kein Geld ausgeben. Die Verbindung zu deinem höheren Selbst mit dem unendlichen Bewusstsein – das bist du.

Den Regungen deines Herzens und deiner Seele zu folgen, ist vor allem dann wichtig, wenn du selbst noch nicht weißt, was du aus der Tiefe deines Seins heraus kreieren möchtest. Rein logisch zu denken, wird dich nicht weiterbringen. Integriere dein seelisches Gefühl in alles, was du tust.

Unsere heutige Denkweise basiert auf einer Trennung zwischen Denken und Fühlen. Diese Denkmechanismen wurden auch aus Naturwissenschaft heraus entwickelt und im Rahmen der Säkularisierung weiter manifestiert.

Heute wissen wir: Dieses Denken ist eine Illusion und verkürzt. „Alles ist miteinander verbunden", so hat es Albert Einstein formuliert. Alles ist eins. So verstehen es spirituelle Traditionen wie der Buddhismus und die vedische Tradition seit Jahrtausenden.

Zu diesen Traditionen dürfen und müssen wir wieder zurückkehren, um unser Business in der neuen Zeit auf ein anderes Level heben zu können. Wir dürfen verstehen, dass alles Energie ist. Newton formulierte im alten Verständnis der Physik, dass es nur Materie gibt. Alles, was nicht Materie ist, also der Rest, ist das Feld. Dieser fundamentale Fehler wurde von Albert Einstein und auch von Nikola Tesla korrigiert. Sie führten auch die westliche Denktradition in ein Einheitsbewusstsein zurück, indem Tesla betonte: „Alles im Universum ist Energie und Schwingung." Auch Materie ist Energie, die von ihrer Vibration so gestaltet wird, dass wir sie mit unseren fünf Sinnen wahrnehmen können. Darüber hinaus wirkt der unendliche Raum des Bewusstseins und der des energetischen Feldes, dessen wir uns im Verlaufe dieses Buches gewahr werden.

Das ist die Grundlage, die dein Business leitet, führt und erfolgreich macht. Bisher warst du dir vielleicht nicht darüber bewusst.

„Man sieht nur mit dem Herzen gut. Das Wesentliche ist für das Auge unsichtbar".
(Der kleine Prinz, Antoine de Saint-Exupery)

Mit diesem neuen Wissen beginnt eine neue Klarheit, die dir helfen wird, alles für dich zu ordnen und zu sortieren. Du wirst zur mächtigen Co-Kreateurin deines Lebens und Business. Ohne eine klare Entscheidung kannst du dein energetisches Feld nicht ausrichten und zu deinen Gunsten ordnen. Deine Absicht und Intention sind ein wichtiger Faktor. Wenn du diese Entscheidung triffst, wirst du den Weg vielleicht noch nicht kennen. Du wirst nicht wissen, wie und wann es passieren wird.

Aber auf dem Weg dahin begleitet dich die freudige Glückseligkeit, dieses mächtige Tool, die Freude auf dem Pfad deines Herzens, ähnlich wie es im Buch „Der Alchimist" von Paulo Coelho geschehen ist. Der Alchemist folgt den Spuren seines Herzens und den Spuren seiner Freude. Was passiert dadurch?

Er ist sich seiner immer mehr bewusst, ist immer mehr zu dieser reinen Freude geworden. Dadurch hat er weitere wunderbare Ereignisse in seinem Leben angezogen. Und das passiert auch dir, wenn du dem Pfad deiner Freunde folgst, sobald du die Entscheidung getroffen hast, aus der Tiefe deiner Seele und deines Herzens heraus zu agieren. Das Universum kann sich neu ordnen und seine Energie neu nutzen. Die Frequenz wird sich mehr nach deinen Regungen ausrichten.

Selbst wenn du noch nicht weißt, was du kreieren möchtest, beginnst du nun aus der Vibration der Freude heraus zu agieren. Das ist tatsächlich der wesentliche Unterschied zu deinem alten Selbstverständnis. Darin hast du dein Business, dein Leben, mental entworfen. Du hast es gedacht, jetzt lebst und fühlst du es.

Dass das Denken im Vordergrund steht, ist ein Missverständnis. Es geht darum, dass du aus dem Zustand des reinen Seins beginnst zu kreieren.

Habe keinen Plan B im Kopf

Das nächste große alchemistische Geheimnis auf dem Weg zu deinem Erfolg in deinem Business: Es ist wichtig, dass du absolut keinen Plan B in der Tasche hast.

Getreu nach dem Motto: „Ach, wenn das nicht funktioniert, dann mach ich etwas anderes." Denke das nicht. Warum? Weil du damit sofort den Fokus verlierst und deine noch neue Ausrichtung abschwächst. Es ist wichtig, dass du in dieser Phase absolut radikal bist, und zwar bedingungslos.

Als ich 2016 mein eigenes Business neu aufgebaut habe, war ich an der gleichen Stelle: Ich war verwirrt und wusste noch nicht, was ich möchte oder wo es hingehen soll.

Ich habe damals die Orientierung ein Stück weit verloren. Ich wusste nur eins: Ich wollte meiner Seele folgen. Aber ich wusste nicht, wie. Weil ich noch nicht alle Puzzleteile zusammen hatte. Es gab noch kein klares Bild und ich war mir damals auch nicht im Klaren darüber, dass die Details nicht wichtig sind.

Mein damaliger Business-Coach sagte mir: „Mache dir keinen Plan B. – Warum? Wenn du einen Plan B hast, dann hast du immer eine Ausflucht. Hast du immer eine Tür offen, irgendwo anders hinzugehen, dann wirst du nie deine ganze Konzentration und Energie auf das lenken, was du wirklich willst." Und das habe ich beherzigt.

Als ich anfing, hatte ich keine Kunden. Ich hatte zwar einen Testkunden, aber ich wusste nicht, wie ich weitermachen konnte. Ich wusste, dass ich die Entscheidung getroffen hatte und dass ich es unbedingt wollte.

Und ich hatte ein großes Warum! Ich wollte frei und ortsunabhängig arbeiten, das Leben vieler Menschen bereichern und auch selber sehr gutes Geld verdienen.

Das war mir klar.

Ich war aber noch nicht am Grund meines Selbst angekommen. Es stand immer noch offen, welches der tiefste Grund ist und wie ich aus meinem reinen Sein heraus kreieren kann.

Und das war der Moment, an dem ich meine innerste Essenz erfahren habe, mein innerstes Selbst, indem ich tatsächlich tief in mich gegangen bin und mich gefragt habe:

„Was ist es, was ich in meinem wesentlichen Kern bin? Das ist es, was ich tatsächlich aus der Tiefe meines Seins heraus bin. Nicht, was ich sein oder haben möchte, sondern was mich absolut erfüllt. Einfach: Ich bin."

Dafür bin ich auch ein Stück zurück in meine Geschichte gegangen und habe nach dem roten Faden in meinem Leben gesucht. Dabei bin ich darauf gestoßen: **Die Basis meines Lebens war immer das Licht.** Ich spüre meine Mission, das Bedürfnis, dieses innere Licht ins Leben zu tragen und dieses Licht an andere weiterzugeben. Ich werde diesen Moment niemals vergessen, als mir klar wurde, dass ich das Licht, die reinste Form der Energie, ins Leben bringen möchte. Ich war endlich darauf gekommen, dass ich das durch energetische Arbeit tun möchte, und ich hatte die Sicherheit, dass ich das auch tun werde. Ich habe in diesen Wochen bedingungslos Ja zu mir und meinem Sein gesagt.

Endlich hatte ich eine klare Entscheidung getroffen, was ich in die Welt bringen möchte und wer ich aus der Tiefe meines Herzens heraus wirklich bin. Das nach außen zu tragen und ganz ohne die Absicht im Hinterkopf, ob sich das gut verkaufen lässt oder nicht – das war für mich der Wendepunkt.

Diese Begeisterung habe ich in jeder Zelle meines Körpers gespürt. Sie hat mich im wahrsten Sinne des Wortes ergriffen. Im Wort „Begeisterung" steckt wieder das englische „to be" = sein. Begeisterung – reiner Geist sein. Das war es, wofür ich mich in diesem Moment entschieden habe.

Dieses bedingungslose Ja zu dir selbst ist es, was dich in deinem Business als spiritueller CEO zum Erfolg führen wird. Warum ist das so?

Durch die Klarheit entsteht eine bedingungslose Einigkeit mit dir selbst. Sie wird beginnen, alle energetischen Partikel, die es im unendlichen Raum gibt, in eine Linie zu bringen. Sie werden beginnen, sich nach deiner Intention und Intuition auszurichten und deiner Entscheidung, deinem Ja zu deinem wahren Selbst, folgen.

Wenn Erfolg und materielle Vorteile für dich keine Rolle mehr spielen, bist du bereit diesen Weg zu gehen. Das Universum empfängt nun klare Signale von dir und kann damit beginnen, dich klar danach zu unterstützen.

Wie kannst du nun also, nachdem du dir darüber klar geworden bist, dem Weg deines Herzens bedingungslos folgen?

Indem du dem **Weg der Freude** folgst. Indem du den roten Faden deines Lebens erkennst. Indem du in deine eigene Wahrheit kommst und dir immer mehr bewusst wirst, was dich schon dein ganzes Leben begleitet hat, und dein Herz und deine Seele zum Klingen bringst. Klang ist Frequenz und wenn dein Herz innerlich singt und klingt, dann sendet es eine Frequenz ins Universum. Wenn du Musik sehr laut hörst, kannst du spüren, wie die Vibration dieser Musik dein Sein durchdringt und dein Innerstes berührt. Singt dein Herz, wirst du selbst aus den Tiefen deines Seins heraus zu einem Frequenzkörper. Diese Freude und dieses innere Schwingen, dieses innere Musikstück – das du bist. Das geht nun in die Welt hinaus, ins Universum und alle Energien, die aus deiner

Frequenz resonieren, können dich nun leicht finden. Du hast dich selbst danach ausgerichtet.

Nun fragst du dich vielleicht: Was ist meine Hauptenergie? Was bin ich denn aus der Tiefe meines Seins heraus? Ich empfehle dir zuallererst, deinen Kopf auszuschalten. Der Kopf versucht alles zu rationalisieren und ist in diesem Prozess nur störend. Richte dich stattdessen nach deiner inneren Frequenz aus und spüre aus deinem tiefsten Inneren heraus, wer du bist.

Das mag sich am Anfang vielleicht gar nicht so leicht anfühlen. Wenn du es aber konsequent täglich praktiziert und bedingungslos „Ja" zu deinem Weg sagst, wirst du langsam in die Klarheit kommen. Dafür musst du übrigens nicht viel Zeit aufbringen.
Wir sind mit allem verbunden, immer schon gewesen, und deswegen sind auch Spiritualität und Business miteinander verbunden. Die Abtrennung ist eine Illusion und letztendlich ein Spiel der Matrix. Dessen dürfen wir uns einfach gewahr sein. Und auch das ist wieder ein Wort, das du im wahrsten Sinne des Wortes verstehen darfst. Gewahr sein. Sei dir dessen gewahr, geh in die Wahrheit und nimm wahr, dass wir schon immer miteinander verbunden waren.

Intuition – ein wichtiges Werkzeug auf deinem Weg

Du hast also nun ein neues, weiteres wichtiges Werkzeug kennengelernt, das mit dieser Aktivierung deines unendlichen inneren Herzensbewusstsein einhergehen lässt. Das ist deine Intuition. Deine Intuition ist ein wichtiges, vielleicht sogar das wichtigste Tool in deinem Business, das du dir jetzt Schritt für Schritt weiter aufbaust.

Ich möchte nun an dieser Stelle ein bisschen mehr darüber erzählen, was passierte, als ich begann, aus der Tiefe meines Seins heraus zu agieren. Und das Gleiche stelle ich bei meinen Kundinnen fest, die beginnen bedingungslos „Ja" zu sich selbst zu sagen und aus ihrer innersten Essenz heraus zu agieren. Sie beginnen nun, genau wie ich damals, Schritt für Schritt in ihre wahre Größe zu gehen. Als ich entdeckte, dass es mein Auftrag ist, das Licht in die Welt zu bringen, hat sich alles für mich verändert. Ich bin klar und bestimmt auf meinem Weg und auch in schwierigen Zeiten vergesse ich mein „großes Warum" nicht. Das gibt mir Halt, Zuversicht und große Kraft.

Heute begleite ich meine Kundinnen dabei, ganz bewusst, diesen Weg zu gehen. Je mehr du tagtäglich praktizierst, desto leichter wird es dir fallen. Du kannst dich selbst dabei unterstützen, indem du die richtige Umgebung kreierst. Du kannst dir zum Beispiel einen **heiligen Raum** schaffen.

Tipp:

Du kannst dir einen heiligen Raum erstellen für deine innerste Essenz, indem du zum Beispiel einen Teppich oder ein Tuch bereitlegst. Der Teppich oder das Tuch repräsentieren deine innerste Essenz. Wenn du dich auf diesen Teppich oder das Tuch stellst, trittst du in Kontakt mit deiner innersten Essenz und erneuerst die Verbindung. Du kannst dich immer wieder daraufstellen und symbolisch deine Verbindung aufbauen. Du kannst aber ebenso gut ein Papier oder einen Gegenstand deiner Wahl hierfür nutzen oder dich auf ein ganz spezielles „innerstes Essenz"-Kissen setzen.

Eine Kundin von mir, die mittlerweile eine erfolgreiche, bewusste Unternehmerin geworden ist mit mehrfach fünfstelligen Programm-Verkäufen, hat sich zum Beispiel tagtäglich auf ihre innerste Essenz gestellt und sich damit bewusst und aktiv verbunden. Wir sind natürlich immer verbunden mit unserer innersten Essenz. Wir sind uns ihrer Natur aber nicht bewusst und deswegen ist es wichtig, dass du dir dessen gewahr bist und dieses tatsächlich aktiv praktizierst.

Besagte Kundin hat sich innerhalb kürzester Zeit zu einer erfolgreichen Unternehmerin entwickelt. Innerhalb von wenigen Monaten hat sie tatsächlich ihr Business zum Fliegen gebracht, in eine nie geahnte Expansion.

Raum für mich zu schaffen, hat auch mich und mein Business sehr stark unterstützt. Ich habe mir einen kleinen Extrabereich geschaffen, meinem eigenen inneren Symbolismus entsprechend. Er ist ausgestattet mit Kristallen, die meine innerste Essenz widerspiegeln. Das ist etwas, das auch du bewusst tun kannst. Selbst, wenn du dir noch nicht bewusst bist, was deine innerste Essenz ist, kannst du diesen ersten Schritt gehen und einen Raum schaffen.

Zusammenfassung

Die Grundvoraussetzung für deinen Erfolg ist, aus der Tiefe deines Seins heraus zu handeln.
Du musst eine klare Entscheidung treffen und „Ja" zu deinem Weg und deinem Business sagen, um dich und das Universum auszurichten. Praktiziere täglich die Verbindung mit deiner innersten Essenz. Damit stärkst du auch deine intuitiven Empfindungen und Gefühle für richtige Entscheidungen.

Deine Ausrichtung kommt vor dem Weg.
Es spielt keine Rolle, ob du bereits weißt, was deine innerste Essenz ist und welchen Weg du gehen möchtest. Selbst wenn du dir noch nicht klar bist,

welche Energie du in Welt bringen möchtest, wirst du mit der Zeit durch tägliche Praxis in die Klarheit kommen.

Alles ist miteinander verbunden.

Nimm dir Zeit und sorge täglich für Inseln der Freude in deinem Leben. Du hast die Grundvoraussetzung dafür geschaffen, dass du dich nun immer mehr mit deiner Intuition verbinden kannst. Dein Business und dein inneres Sein sind miteinander verbunden.

Schaffe einen Raum.

Entwirf einen Raum, der dich dabei unterstützt mit deiner innersten Essenz in Kontakt zu kommen und zu bleiben. Indem du regelmäßig praktizierst, kannst du diese Verbindung immer wieder erneuern.

Kapitel 3:
Dein zukünftiges Ich kreieren

„Der Unterschied zwischen Vergangenheit, Gegenwart und Zukunft ist eine Illusion, wenn auch eine sehr hartnäckige."

(Albert Einstein)

Und genau darum geht es im nächsten Schritt. Es geht um dein zukünftiges Ich. Warum ist dein zukünftiges Ich wichtig? Es ist wichtig, um deine gesamte Frequenz bereits heute auf das, was du dir wünschst, auszurichten. Das ist einfach gesagt und schwer getan.

Die Philosophie, die dahintersteckt, ist im Grunde genommen sehr einfach. Es geht darum, dass dein zukünftiges Ich, das du in dein Business und in dein Leben bringen möchtest, schon heute existiert.

Und dafür gibt es sogar ein Supertool.

Dieses möchte ich dir etwas genauer vorstellen. Damit dieses Supertool auch bei dir wirkt, bedarf es einer Vorbereitung. Es hilft dir, die Brücke zwischen deinem jetzigen Ich und deinem zukünftigen Ich zu schlagen.

Wie es funktioniert, zeige ich dir an einem Beispiel: Stell dir vor, du sitzt in einem Restaurant. Du hast eine Speisekarte vor dir liegen und schaust dir an, was heute angeboten wird. Natürlich hast du dieses Restaurant mit Bedacht ausgewählt. Du hattest bereits Appetit auf etwas Bestimmtes und hast deshalb genau dieses Restaurant ausgesucht. Das ist der **Aspekt der Freude**.

Du gehst also in das Restaurant, setzt dich an den Tisch und liest die Speise-karte. Du suchst dir aus, was du haben möchtest. Dann gibst du die **Be-stellung** auf. Du verlässt dich darauf, dass du bekommst, was du bestellt hast. Du hast das Restaurant ja ausgesucht, weil es dieses Essen dort gibt. Das ist **Sicherheit.**

Genau dieser Prozess stellt die Brücke zwischen deinem jetzigen und deinem zukünftigen Ich dar. Wenn du es schaffst, diesen Prozess bewusst zu voll-ziehen, dann bist du eine Meisterin.

Die Sicherheit, die du während des Prozesses empfindest, beschleunigt das Realisieren ungemein.

Wenn du dich jetzt fragst, wie du diesen Transfer bewusst realisieren kannst, denke noch einmal an das Restaurant.

Der Prozess basiert auf Vertrauen.

1. Du leitest alle Schritte ein, um den Prozess möglich zu machen.
2. Du wählst das richtige Restaurant aus; du gibst die entsprechende Bestellung auf und du hast dich vorher vielleicht sogar informiert, ob es ein gutes Restaurant ist und andere zufrieden waren.
3. Du bist dir sehr sicher, dass alles funktioniert und dass du ein freud-volles Ergebnis haben wirst. Und du hast Vertrauen.

Was du zum Beispiel nicht tust, ist, in die Küche zu gehen und nachzu-schauen, ob der Koch schon die Kartoffeln geschnitten hat, ob er Kartoffeln bereithält oder schon die Nudeln kocht. Das tust du nicht, weil du dich darauf verlässt, dass alles, was du bestellt hast, auch so geliefert wird. Du weißt nicht, wie lange es dauern wird, aber du weißt, dass es bald geschieht.

Und genau so ist es auch mit deinem zukünftigen Ich. Allerdings bedarf es einiger Extrazutaten, um für ein 100 Prozent gutes Ergebnis zu sorgen.

Übung: Dein zukünftiges Ich

In dieser Übung bitte ich dich, dir über dein zukünftiges Ich Gedanken zu machen und es zu spüren: Wie soll mein zukünftiges Ich sein? Wie ist mein zukünftiges Ich im Business? Wie agiert es? Wie fühlt es sich? Und das Wichtigste: Wie fühlst du dich, wenn du dein zukünftiges Ich realisiert hast?

Für mehr Klarheit kannst du damit anfangen, dir aufzuschreiben, was du in deinem zukünftigen Business, deinem Quantenbusiness, alles erfährst und wie es sich gestaltet.

Schreibe auf:

1. wo du arbeitest,
2. mit wem,
3. wie lange und
4. wie oft du arbeitest,
5. mit welchen Medien du arbeitest,
6. was du genau anbieten möchtest,
7. mit wem du zusammenarbeitest,
8. welches deine absoluten Traumkunden sind,
9. wie viel Geld du verdienst,
10. wie dein Traumteam sein wird,
11. was du nicht mehr tun möchtest und male dir deinen idealen Arbeitsalltag aus.

Deiner Fantasie sind keine Grenzen gesetzt.

Wenn du dafür etwas Zeit benötigst, empfehle ich dir, das Buch wegzulegen und dir die Zeit zu nehmen. Schreibe auf, was du dir für dein zukünftiges Business wünschst und lass dabei nichts aus. Sieh dich, wie du da sitzt, sieh, welche Frisur du trägst, welche Kleidung. Stell dir deinen Gesichtsausdruck vor, wie du dich dabei fühlst. Wie viel Umsatz macht dein Business pro Jahr? Bist du in einem Büro oder arbeitest du vom Sofa von zu Hause aus? Was auch immer es ist, stell dir genau dein Traumbusiness vor.
Vergiss nicht, du bist die mächtige Co-Kreateurin in deiner Welt und in deinem Business. Und du kannst alles selbst gestalten. Erlaube dir, dass es tatsächlich in dieser Form auch zu dir kommt. Du kannst die Übung aus Kapitel 2 zur Hilfe nehmen, um dich mit deinem höheren Selbst zu verbinden. Verbinde dich mit Mutter Erde, tief aus dem Mittelpunkt der Erde in dein Herz und aus dem unendlichen Fenster des Universums. Dein Herz expandiert und schafft Raum für dich, um nachzuspüren, was du dir wünschst und wie dein Leben und Business sein soll.

Wenn du bereit bist, dein Traumbusiness zu visualisieren, schau dich um. Wie fühlst du dich dabei? Dieses Gefühl, das sich in dir ausbreitet, ist dein Anker. Es ist das Gefühl, das du tatsächlich für dich leben möchtest. Wenn du dich auf deinem ganz persönlichen Kraftplatz niederlässt, kultiviere genau dieses Gefühl. Stell dir vor, du hast bereits alles erreicht.

Das ist **dein großes Gefühl.** Und genau darum geht es: Erlaube dir selbst, schon heute damit zu beginnen, das Gefühl zu spüren, das du leben willst.

Wenn du, wie ich, zum Beispiel das Gefühl der Entspannung als Anker verwendest, dann bitte ich dich nun, jeglichen kleinsten Moment in deinem Arbeits- und Lebensalltag zu finden, der dir Entspannung bringt.

Diese Entspannung ist bereits Ausdruck deines zukünftigen Ichs. Wenn du dich danach ausrichtest, geschieht Folgendes: Du kennst das bereits. Deine Vibration, deine Frequenz, alles wird auf dieses Gefühl ausgerichtet.

Und was passiert im nächsten Schritt? Das Universum versteht. „Sie fühlt sich so, also gebe ich ihr mehr Situationen, die sie so fühlen lässt." Du hast dein zukünftiges Business und dein zukünftiges Ich formuliert und bist dir darüber im Klaren, wie es sein soll. Du hast dir jedes kleinste Detail überlegt, inklusive Umsatz, Kleidung und Arbeitsplatz. Damit signalisierst du deinem höheren Ich und dem Universum: Genau so möchte ich es haben. Darauf richtet das Universum sich aus und liefert dir exakt das. Das klingt einfach. Es ist aber sehr wichtig, dass du dich immer wieder und sehr regelmäßig mit diesem Gefühl verbindest. Das hilft dir auch, das umzusetzen, was du kreieren möchtest. Es ist wichtig, dass du dir selbst dieses Gefühl der Sicherheit gibst, dass du dein Ziel irgendwann auch erreichen wirst.

Übung: Wie sicher bist, du dein Ziel zu erreichen?

Ich lade dich jetzt ein, zu sehen, wie sicher du bist, dass du dein Ziel tatsächlich auch erreichen kannst. Wie sicher bist du dir, dass du deine Träume wahr werden lassen kannst? Beantworte diese Frage ganz spontan, intuitiv, auf einer Skala von 1 bis 10. Wie sicher bist du dir jetzt, heute, so wie du bist, dass du dein zukünftiges Ich mit all dem, was du dir aufgeschrieben hast, auch für dich erreichen kannst?

Schau dir das Ergebnis in Ruhe an. Wenn dein Ergebnis geringer ist als 10, dann ist es wichtig, dass du mehr Klarheit für dich schaffst und weitere Tools verwendest.

Welche Tools können dich dabei unterstützen?

Tools können dir dabei helfen, mehr Sicherheit für dein zukünftiges Ich zu erlangen und dir helfen, es heute schon zu leben.

Werde dir deines Wertes bewusst

Selbstwert hat einen entscheidenden Einfluss, wenn es darum geht, dein Traumbusiness zu visualisieren. Bist du dir deines eigenen Wertes bereits bewusst? Wenn du Zweifel verspürst, dass tatsächlich all das eintreten kann, was du dir im vorherigen Schritt aufgeschrieben hast, kann das daran liegen, dass du glaubst, es nicht wert zu sein. Dass du nicht genug bist. Dass du es nicht verdient hast. Warum das so ist, ist für diesen Prozess nebensächlich. Das Wichtige ist, dass du jetzt hier die Entscheidung triffst, dass du es dir wert bist und dass dieses zukünftige Ich tatsächlich eintreten wird. Triff diese Entscheidung aus deinem tiefen Sein heraus.

Es geht nicht darum, in deiner Vergangenheit zu wühlen. Das kann im Gegenteil schädlich sein, weil du dich dann mehr mit dieser Energie beschäftigst und sie manifestierst. Energie folgt immer der Aufmerksamkeit, wende sie also lieber deinen Zielen zu. Schaust du zu sehr auf bestehende Probleme, steckst du am Ende vielleicht in ihnen fest, ohne wirklich voranzukommen. Natürlich heißt das nicht, dass du Blockaden ignorieren solltest. Erkenne sie als solche an und gib dir selbst die Gewissheit, dass es einfach ist, sie aufzulösen. Jeder von uns hat sie. Auch Millionäre und CEOs haben Blockaden, leiden an negativen Glaubenssätzen oder Selbstsabotage. Blockaden können immer wieder hochkommen und müssen Schritt für Schritt aufgelöst werden. Denn diese Blockaden oder diese Unsicherheiten hindern dich daran, dass du klare Signale aussendest. Es ist wichtig, dass das Universum klare Signale von dir erhält und dass du in diesem Prozess absolute Klarheit darüber hast, wie dein zukünftiges Ich tatsächlich sein soll.

Wenn du ständig deine Meinung darüber änderst, was du gerne haben möchtest und wie du sein willst, dann gibst du dem Universum sehr unklare Signale. Um bei der Restaurant-Analogie zu bleiben: Stell dir vor, du änderst fünfmal deine Bestellung. Irgendwann wird der Kellner dich vielleicht genervt fragen: Was willst du denn überhaupt? Wir haben bereits angefangen zu kochen, das wird jetzt geliefert. Ob du es immer noch willst oder nicht. Deswegen ist es so wichtig, dass du an deiner Klarheit arbeitest und dich regelmäßig mit deinem zukünftigen Ich beschäftigst.

Dieses Gefühl, dass dich bereits heute mit deinen Resultaten verbindet, ist dein Schlüssel zum Erfolg. Wenn du also deine Aufmerksamkeit, deinen Glauben und deine Sicherheit und Klarheit steigerst, kannst du nahezu sofort erste Resultate sehen. Das ist die große Kunst der **Manifestation**.

Ich wiederhole an dieser Stelle noch einmal: Es geht darum, dass du all deine Aufmerksamkeit darauf ausrichtest, was du in deinem Leben erreichen und sein möchtest. Es geht darum, dass du absolut nachspürst, welche Energie du bist und was du in die Welt tragen möchtest. Beschreibe dein zukünftiges Ich so genau und detailliert wie nur möglich. Dabei triffst du die Entscheidung, genau dieses Leben erreichen zu wollen, auch wenn du noch nicht genau weißt, wie das gehen soll. Diesen Job wird das Universum übernehmen.

Es gibt hier eine ganz strikte Rollenverteilung. Deshalb bist du Co-Kreateurin. Das Universum ist dein Unterstützer, das mit Zufällen und passenden Situationen dafür sorgt, dass du dein zukünftiges Ich auch nach außen realisierst.

Glaube

Dein zweites mächtiges Tool ist Glaube. Wenn du wirklich daran glaubst, dass es für dich funktionieren wird, es wirklich fühlst, dann bist du der Umsetzung bereits einen gewaltigen Schritt näher. Ich (und du genauso) glaube fest daran, dass ich im Restaurant meine Bestellung geliefert bekomme.

Es geht also nicht nur darum, dass du die richtigen Gedanken hast, dir das Richtige vorstellst. Es ist auch wichtig, dass du es schon heute fühlst.

Fühlen

Der nächste Schritt ist, diese Sicherheit in dir zu spüren. Spüre eine bedingungslose Sicherheit, dass das Gewünschte auch wirklich eintritt. Dieses wiederum führt dich zum fünften Schritt, zur Klarheit. Du verstehst nun, was du wirklich in deinem Leben möchtest. Die vorher beschriebenen Prozesse geben dir absolute Klarheit.

Wenn du deine Vorstellungen, deine Wünsche permanent änderst, dann wird das Universum dir nichts liefern können. Deswegen ist absolute Klarheit in diesem Prozess sehr wichtig. Diese Schritte führen dazu, dass du nahezu sofortige Ergebnisse erzielst. Je klarer du ausgerichtet bist, desto schneller kann das Ergebnis kommen. Es ist wichtig, dass du nicht ungeduldig bist und dich nicht in die Aufgaben des Universums einmischst. Beginne nicht zu kontrollieren, wo der Prozess gerade steht, versuche nicht, die Resultate zu beschleunigen.

Vielleicht wirst du ungeduldig oder ärgerlich. Du bist sauer auf das Universum, dass es dich nicht dabei unterstützt. Dabei verringerst du deine Schwingungen und die Botschaft wird unklar. Natürlich ist das kontraproduktiv für ein Ergebnis.

Es ist wichtig, dass du dir über dein zukünftiges Business sicher bist. Dass du weißt, wer dein zukünftiges Ich ist. Du hast 100%ige Klarheit. Du vertraust. Und du lässt los.

Lass los

Loszulassen ist ein weiteres Geheimnis. Loslassen heißt nicht, dass du nichts dafür tust. Es heißt einfach, dass du vertraust, dass sich das Gewünschte Schritt für Schritt in die Tat umsetzt. Es ist wichtig, dass du die Hilfe, die du vom Universum bekommst, siehst. Dass du die Signale liest. Denn nicht jegliches Signal oder jegliche Hilfe ist vielleicht von dir sofort als Hinweis zu verstehen. Das zeigt sich erst später im Rückblick.

Wie bin ich zu diesem Buch gekommen? Ich bin zu diesem Buch gekommen, weil ich einen Wunsch hatte, und zwar, dieses Buch zu schreiben. Und ich hatte keine Ahnung, wie es passieren soll. Ich hatte keine Ahnung, wie man das macht. Keine Ahnung, wie ich einen Verlag finden soll. Und ich habe keine Ahnung gehabt, wie ich das in einer auch nur halbwegs angemessenen Zeit tatsächlich realisieren kann. Das Universum hat mir eine Hilfe geschickt in Form einer Frau, die mich wegen etwas ganz anderem angeschrieben hat. Sie war an einem ganz bestimmten Thema interessiert und wollte wissen, ob ich dazu etwas anbiete. Um zu verstehen, was sie genau braucht, habe ich ein Gespräch vorgeschlagen. Aus diesem Gespräch wurde ein zweistündiges Telefonat, in dem sie mir erzählte, dass sie ein Buch bei Amazon veröffentlicht habe. Und dann hat es bei mir geklingelt. Mit dieser Frau, die ich absichtslos kennengelernt habe, habe ich herausgefunden, wie ich dieses Buch veröffentlichen kann. Ich habe meinen Wunsch formuliert, ich habe ihn losgelassen. Ich habe darauf vertraut, dass das möglich ist. Ich bin in der Frage geblieben, nicht in der Aufgabe. Ich war neugierig und ich war offen. Innerhalb weniger Tage hatte ich einen Verlag. Meine Kapitelstruktur lag fest, ich hatte Klarheit darüber, was ich tue. Und ich habe innerhalb weniger Monate dieses Buch verwirklicht und Menschen gefunden, die mir dabei helfen konnten.

So funktioniert es, wenn du die Signale des Universums verstehst. Du kannst dir wahrscheinlich vorstellen, wie unendlich dankbar ich dafür bin.

Diese Dinge darfst du täglich üben. Wenn du auf deine Intuition hörst, wird sie dir ähnliches raten. Ich habe auf mein Gefühl gehört und mit dieser Frau gesprochen, ohne zu wissen, wieso, weshalb, warum. Statt darüber nachzudenken, ob sich das zeitliche Investment lohnt, bin ich völlig absichtslos in dieses Gespräch gegangen und eine wunderbare Bekanntschaft hat sich entwickelt.

Wir haben uns gegenseitig unterstützt und nun habe ich einen Verlag gefunden, der mein Buch veröffentlicht hat.
Ich bin ebenfalls dankbar, dass ich einen Weg gefunden habe, mit einfachen Mitteln und Wegen dieses Buch zu schreiben. Für mich selbst. Und ich bin dankbar, dass ich die Hilfe des Universums angenommen habe, ohne zunächst zu verstehen, dass es sich überhaupt um eine Hilfe gehandelt hat. Mit diesem Beispiel möchte ich zeigen, wie diese Zusammenarbeit und ihre Realisierung funktionieren kann.

Wenn du dir über deine Ziele klar bist und dich richtig ausrichtest, dann wirst du vom Universum geliefert bekommen, was es auf der Basis deiner Frequenz und Vibration liefern kann. Deswegen ist es wichtig, dass du dich tagtäglich ausrichtest, in das gewünschte Gefühl, das dein zukünftiges Ich für dich repräsentiert. Wenn du bereits alles für dich erreicht hast, wenn du alle Ziele für dich schon realisiert hast, hast du dafür gesorgt, dass es dir richtig gut geht.

Wie kannst du dafür sorgen, dass es dir richtig gut geht? Du brauchst dafür nicht viel Geld und es geht nicht darum, darauf zu warten, dass etwas Bestimmtes eintritt und es dir DANN wirklich gut geht. Es geht darum, dass du gelebte Selbstliebe und Selbstfürsorge praktizierst, dass du dich mit deinem Business und deinem Sein absolut an allererster Stelle stellst. Es ist wichtig, dass es dir in deinem Business richtig gut geht, dass du gut genährt bist, dass du dich gesund ernährst und dass du Zeit hast, dich um deine innere Ausrichtung zu kümmern. Und mit innerer Ausrichtung meine ich, dass du dich um dein zukünftiges Business kümmern kannst.

Sorge deshalb dafür, dass es dir so richtig gut geht. Es nützt nichts, wenn du pausenlos in deinem Business arbeitest und völlig überlastet bist und nur noch wenig Energie spürst. Ganz im Gegenteil. Eine der wichtigsten Aufgaben in deinem Business ist, dafür zu sorgen, dass du tatsächlich Inseln der Ruhe, der Entspannung, der Freude und der Gelassenheit hast. Das darfst du ab heute tatsächlich als Arbeitszeit für dich betrachten und berechnen. Denn das sind gut investierte energetische Tools für mehr Power und Kraft in deinem Business und somit auch Hilfen, damit du deine Ziele tatsächlich realisieren kannst.

Wenn du zu denjenigen gehörst, die sagen: „Ich habe so wenig Zeit und ich bin so vollgepackt im Alltag. Ich habe gar nicht diese Muße, mich um mein Wohlbefinden zu kümmern oder gesund zu essen, mich regelmäßig an der frischen Luft zu bewegen und auch sonstigen Interessen nachzugehen", dann ist es Zeit für Detox. Detox in deinem Leben, Detox in deinem Business. Was heißt das? Schau, wo du entschlacken kannst. Wo kannst du Dinge loslassen? Es ist unmöglich, dass es nichts gibt, was du tatsächlich nicht loslassen kannst. Es gibt immer etwas auf jeder Stufe des Business, was du anders organisieren kannst. Vielleicht bedeutet das, dir Hilfe in Form von Unterstützung zu holen.

Das ist das Erste, was ich dir empfehlen kann: Hol dir eine Assistenz, die dir hilft, dich zu organisieren. Selbst wenn es am Anfang nur ein oder zwei Stunden pro Woche sind. Es ist wichtig, dass du dich auf die Kernaufgaben deines Business fokussieren und mit ausreichender Energie für dich selbst sorgen kannst. Das ist gelebte Fürsorge und gelebte Selbstliebe. Gerade wenn du ein serviceorientiertes Unternehmen führst, bist du das wichtigste Gut deines Unternehmens. Deswegen ist es wichtig, dass du dafür sorgst, dass du auf einem guten Weg bist und dir all deine Energie zur Verfügung steht.

Zusammenfassung

In diesem Kapitel hast du gelernt, wie dein zukünftiges Ich sein soll und wie du dich in dein zukünftiges Ich, wenn du bereits alles für dich erreicht hast und realisiert hast, hineinfühlst. Dieses Gefühl ist dein Ankerpunkt. Und aus diesem Ankerpunkt heraus wirst du ab sofort alles in deinem Leben und in deinem Arbeitsalltag, realisieren. Denn das, was wir an Energie aussenden, das ziehen wir auch an. Im nächsten Schritt habe ich dir gezeigt, welches die richtigen Schritte sind, damit du tatsächlich dein zukünftiges Ich nahezu mühelos in deinem Leben realisierst. Und mit der Sicherheitsübung hast du erfahren, wo du heute stehst und mit welchen Werkzeugen du leichter deine Zukunft manifestierst.

Kapitel 4:
Dein Business-Boost: Präsenz

Egal ob du glaubst, du wirst es schaffen oder du wirst versagen – du hast auf jeden Fall recht. Als ich 2016 angefangen habe mein Online-Business aufzubauen, war ich mir überhaupt nicht sicher, ob ich es schaffen würde. Eines wusste ich aber ganz genau: Ich möchte und ich **muss** ortsunabhängig arbeiten, denn ich möchte in Südeuropa leben und ich möchte frei sein. Frei zu arbeiten, wann immer ich möchte, wo auch immer ich möchte und mit wem auch immer ich möchte. Daran habe ich mich strikt gehalten.

Diese Vision und der Rat meines Coaches, keinen Plan B im Hinterkopf zu haben, haben mich dahin geführt, wo ich heute bin, nämlich in Südeuropa. Und ich habe mir ein erfolgreiches, mehrfach sechsstelliges Online-Business aufgebaut. War ich mir immer sicher, dass ich es schaffen werde?

Nein, ganz und gar nicht. Zu Beginn meines Aufbaus war ich mir überhaupt nicht sicher, ob mir das gelingen würde. Was ich aber aus meinem Wegzug von Deutschland mitgenommen hatte, war ein Buch. Genauer gesagt habe ich nur ein einziges Buch mitgenommen, und dieses Buch hat sich als mein Wegweiser erwiesen.

Warum? Weil dieses Buch den wichtigen Titel „Jetzt" trug. Das ist das Buch von Eckhart Tolle, das ich hier an dieser Stelle wärmstens empfehlen möchte. Bei Eckhart Tolle geht es um die Kraft des Jetzt und um die Präsenz im Moment. Eine Lektion, die ich selbst lernen durfte.

Ich war zu dem Zeitpunkt mit sehr, sehr vielen Gedanken und Gefühlen unterwegs. Und die waren sehr stark in meiner Vergangenheit.

Oder sie waren in der Zukunft. Und die Gedanken und die Gefühle waren alles andere als leicht, freudig und positiv. Ich hatte sehr, sehr viele Sorgen, was die Zukunft anbelangt. Ich kam aus einer schwierigen Vergangenheit, was mir viel zu sehr bewusst war. Mir war bewusst, dass diese Sorgen mir nicht bei meinem Aufbau helfen würden, sondern dass ich radikal etwas verändern durfte.

Und das hat für mich sehr viel mit Präsenz im Moment zu tun. Präsenz, echte Präsenz im Moment, die bewusst gelebt wird, ist der Schlüssel für deinen Business-Boost.

Indem ich mir komplett bewusst wurde, was täglich in mir vorgeht, konnte ich Schritt für Schritt meine Aufmerksamkeit auf andere Dinge lenken. Eines war dabei ganz klar zu beobachten: Je mehr ich dabei die Techniken angewendet habe, die ich in diesem Buch mit dir teile, desto leichter fiel mir mein Business-Wachstum.

Zu Beginn war es ehrlich gesagt überhaupt nicht einfach. Ich hatte eine vage Idee bzw. meine innerste Essenz herausgearbeitet. Ich konnte damit aber noch nicht besonders viel anfangen und so eierte ich im wahrsten Sinne des Wortes ein Jahr herum. Damals hatte ich noch kein Business-Coaching, das mir einiges aufzeigte. Ohne es wirklich zu wissen, erweiterte ich sukzessive meine Komfortzone. Was mir damals klar wurde, war meine eigene Angst vor Sichtbarkeit.

So verbrachte ich nahezu ein Jahr mit dem Üben meiner Sichtbarkeit. Ich hielt sehr viele Webinare ab. Ich hatte unterschiedliche Auftritte auf

Facebook, in denen ich mir erlaubte, mich zu zeigen und vor allem mich sehr spontan und ungestellt zu präsentieren. Was meine ich damit? Ich begann immer mehr, tatsächlich in das Jetzt zu kommen, so wie ich jetzt dieses Buch schreibe. Dieses Buch zum Beispiel ist im Moment entstanden. All das, was du in diesem Buch liest, ist Jetzt entstanden. In dieser Sekunde, ohne dass ich tatsächlich viel nachdenke. Natürlich hat dieses Buch eine Struktur, und ich weiß, worüber ich sprechen möchte.

Was ich aber in den einzelnen Kapiteln bis in den letzten Satz schreiben werde, das war mir bis zum Moment des Schreibens nicht bewusst. Ich begann also in 2016 und 2017 im Rahmen meines allerersten Online-Programmes noch mehr meine Präsenz zu praktizieren.

Mein allererster Kurs *21 Tage Chakra Healing* ist komplett im Moment entstanden, im Hier und Jetzt, indem ich mich tatsächlich mit meinem höheren Selbst verbunden hatte und dann aus dem unendlichen Fenster des Universums die Informationen empfing. Das ist für mich die Kraft der Präsenz, der Gegenwert des gegenwärtigen Moments.

Mein wichtigstes Werkzeug für mehr Präsenz

Ich möchte dir an dieser Stelle ein Werkzeug vorstellen. Dieses habe ich dazu genutzt, um immer mehr in diese Präsenz, in diesen jetzigen Moment zu kommen. Es ist der Atem. Atem heißt auch „Prana" – und das heißt Leben. Mit dem ersten Atemzug kommen wir in dieses Leben und mit dem letzten Atemzug gehen wir in eine andere Dimension.

Wann immer ich zu Beginn Stress fühlte, konzentrierte ich mich auf meinen Atem. Vor allem am Anfang gab es sehr viele Momente, insbesondere nachts, in denen ich um vier Uhr aufwachte und nicht wusste, wie es weitergehen soll in meinem Leben und meinem Business. Also atmete ich einfach fünf Minuten lang tief in den Bauch.

2016 lebte ich mit meiner Familie in der Toskana auf dem Land, und wir hatten sehr wenig Geld. Die Aussicht, dass ich mit meinem Business erfolgreich durchstarten werde, war noch nicht besonders ausgeprägt. Denn ich hatte diesen ganz großen Schwung noch vor mir.

Meine Online-Sichtbarkeit

Im Laufe des Jahres 2016 begann ich immer mehr in die Sichtbarkeit zu gehen. Ich öffnete meine erste Facebook-Gruppe. Ich hatte aber dennoch ein Problem, denn ich hatte keine Kunden. Und so schrieb ich mich für ein weiteres Business-Coaching ein, um endgültig zu lernen, wie ich erfolgreich mit meinem Online-Business sein kann.

Gleichzeitig gewann ich in diesem Moment meine erste Testkundin, an der ich mein Programm *Folge deiner Seele* testete. Diese Testkundin hatte Erfolg mit meinem Programm und darüber war ich sehr erleichtert.

Denn ich war zu diesem Zeitpunkt sehr unsicher, ob ich überhaupt dazu geeignet bin als Life- und Businesscoach zu arbeiten. Heute muss ich darüber ein bisschen schmunzeln. Aber es gab große Momente der inneren Unsicherheit, ob ich gut genug bin.

Im Rahmen meines neuen Business-Coachings arbeitete ich enorm an weiteren Qualitäten, von denen ich wusste, dass ich sie lernen darf. Denn eines konnte ich zu diesem Zeitpunkt gar nicht: verkaufen.

Deshalb war ich mehr als froh, in einem Business-Coaching zu sein, in dem es um das Thema Verkauf ging und in dem ich lernte, wie ich verkaufe.

Ich lernte nicht nur die ersten Verkaufstechniken, sondern auch, mir in meinem Business größere Ziele zu stecken. Eines meiner damaligen Ziele war es, fünfstellige Monatsumsätze zu generieren. Das war bereits 2016 mein Ziel. Allerdings fühlte ich mich damals nicht dazu in der Lage und hatte keine Idee, wie ich das jemals realisieren sollte. Anfang 2017 fühlte ich mich das erste Mal in der Lage, zu spüren, dass es tatsächlich eine Möglichkeit für mich ist und dass ich irgendwann in nicht allzu ferner Zukunft fünfstellige monatliche Umsätze machen werde.

Ich fühlte mich aber gleichzeitig noch ganz weit weg, eben weil ich davon überzeugt war, dass ich nicht gut genug bin, dass ich es nicht wert bin, dass meine Expertise nicht groß genug ist. Ich habe mich schlicht und einfach nicht getraut, es zu tun. Ich wusste aber, dass ich es will, und ich habe nach einem Weg gesucht. Ich werde nie vergessen, als ich begann, es langsam als eine Möglichkeit zu betrachten, dass ich diese Umsätze tatsächlich generieren kann.

Um es kurz zu machen: Innerhalb eines Jahres schaffte ich es das erste Mal in mehreren Monaten fünfstellige Umsätze zu generieren. Wie habe ich das nun für mich realisieren können? Wie konnte ich endlich diese Umsätze generieren?

Realisiert habe ich meine fünfstelligen Umsätze, indem ich immer mehr in meine Präsenz ging, immer mehr mein Bewusstsein und auch zugleich meine Energie erhöht habe. Seit ich als integraler Life- und Businesscoach arbeitete, war mir irgendwann klar, dass meine Schwingung der ausschlaggebende Punkt dafür ist, was ich in mein Leben ziehe. Das wusste ich eigentlich schon seit 2009. Im Rahmen meiner energetischen, therapeutischen Ausbildung und auch als Quantum-Matrix-Heilerin. Aber ich hatte es zwischenzeitlich wieder vergessen Es kam wieder zu mir zurück, indem ich begann, sukzessive meine Schwingung zu erhöhen, und zwar in die Richtung, in die ich mit meinem Business gehen möchte.

Ich begann, mich auszurichten auf angenehme, positive Dinge in meinem Leben.

- Ich begann, mich wieder mit meinem höheren Selbst zu verbinden.
- Ich begann, aktiv nach Freude zu suchen.
- Ich begann, aktiv zu genießen.
- Ich arbeitete an den schönsten Plätzen in meiner Umgebung.
- Ich schenkte mir Entspannung.
- Ich schenkte mir Besuche am Meer, Baden im Meer.
- Ich schenkte mir Sonne und auch das schönere Wohnen.
- Und all das führte dazu, dass ich immer mehr meine Schwingung erhöhte und tatsächlich immer mehr in einen positiven Grundzustand kam.
- Und das gab ich direkt an meine Kundinnen weiter.

Meine Kundinnen zu diesem Zeitpunkt waren Frauen, meistens Unternehmerinnen, die begriffen, dass sie sich entweder nicht trauten, das zu sein, was sie sich eigentlich wünschten, oder nicht den Mut hatten, ihren wahren Wert einzufordern.

Frauen, die nicht genau wussten: „Was möchte ich eigentlich? Was ist meine Vision?" Frauen, die nicht in einer positiven Grundhaltung in ihrem Business waren und die einfach ihre Schwingung erhöhen, ihre Blockaden lösen und insgesamt zu mehr Klarheit in ihrem Leben und auch in ihrem Business kommen wollten. Und so begann ich meine 21 Tage Chakra Healing und im nächsten Schritt mein Programm „awaken your energetic power", welches nicht mehr käuflich zu erwerben ist, indem es ganz genau um Präsenz, Klarheit, Ausrichtung ging und um die Balance von weiblichen und männlichen Energien im Business als auch von Gefühl und Rationalität im Business.

Was geschah in diesen Monaten mit meinen Kundinnen als auch mit mir?

Wir bekamen immer mehr den Zugang zu unserem höheren Selbst, zu unserer innersten Essenz. Und wir spürten immer mehr unseren Kern. Und diesen Kern waren wir deswegen immer mehr in der Lage, tatsächlich auch ins Außen zu tragen.

Doch diese Sicherheit, den innersten Kern, die innerste Essenz zu spüren und diese bewusst wahrzunehmen durch tagtägliche Übungen wie zum Beispiel das bewusste Atmen, die Meditation, das bewusste Wahrnehmen von Blockaden und Gefühlen im Körper und das bewusste Annehmen und Auflösen von all diesen Blockaden führte dazu, dass meine Kundinnen und auch ich selbst immer mehr in bewusste Präsenz kamen.

Das war auch wirklich fundamental wichtig. Wenn du auf der Suche bist nach einer klaren Ausrichtung und Positionierung in deinem Business, ist es unabdingbar, dass du deine Präsenz und dein Bewusstsein erhöhst. Warum ist das so wichtig?

Das ist vor allem so wichtig, damit du spüren kannst, was du wahrhaftig in die Welt tragen möchtest, und dass du vor allem die Stolpersteine, die dich bis dato daran gehindert haben, das, was in deinem Innersten bist, ins Außen zu tragen, erkennst und auch beseitigst.

Was passiert, wenn wir nicht in unserer Präsenz sind bzw. unsere Position nicht einnehmen oder nicht finden? Meistens passieren auf der mentalen und auf der Gefühlsebene verschiedene Prozesse.

Das erste ist eine Bewertung. Das zweite ist, dass wir glauben, dass wir so viele Interessen haben, dass wir uns nicht festlegen können und deswegen uns immer hin und her bewegen und in ein gedankliches Chaos kommen. Vielleicht kennst du das von dir? Das sind für mich die zwei größten Hindernisse, damit bewusste Unternehmerinnen zum einen in ihre Präsenz, in ihr Gewahrsein und in ihr Jetzt-Gefühl kommen, zum anderen, dass sie ihre Positionierung komplett einnehmen.

Was sind Bewertungen? Bewertungen sind zum Beispiel Dinge, die ich vorhin bereits angedeutet habe:

- Ich bin nicht gut genug.
- Ich bin nicht perfekt.
- Ich muss erst besser verkaufen lernen.
- Ich bin nicht attraktiv genug, um mich sichtbar zu machen.
- Ich kann nicht gut reden vor Menschen.
- Ich schaffe es nicht, mich zu konzentrieren und einen roten Faden zu halten.
- Ich bin keine gute Verkäuferin.
- Ich war noch nie gut im Verkaufen und meine Kundinnen haben nicht viel Geld. Deswegen kann ich nur niedrige Preise verlangen.

Die Liste kannst du beliebig fortsetzen. Diese Bewertungen führen alle dazu, dass du nicht im Hier und Jetzt und nicht in deiner vollen Präsenz bist. Warum? Weil du mit deinen vermeintlichen Blockaden beschäftigt bist und durch diese Bewertungen automatisch deine Schwingungsfrequenz reduzierst.

Du weißt, wir sind mit allem verbunden und das, was wir im Inneren denken und fühlen, das ist es, was wir außen kreieren und anziehen. Denn dein Bewusstsein und noch viel mehr dein Unterbewusstsein versuchen das, was du denkst und fühlst, komplett umzusetzen. Dein Unterbewusstsein ist wie eine Maschine.

Das, was du dort hineinfüllst, das kommt am Ende wieder heraus. Dein Unterbewusstsein ist ein sehr mächtiger Apparat. Denn es hilft dir, auch im Alltag viele automatisierte Prozesse, über die du gar nicht mehr nachdenken musst, durchzuführen.

Dein Unterbewusstsein führt nach wie vor zeitgleich deine bisherigen Gedanken und Gefühle aus. Dabei verlierst du deine Präsenz und deine Bewusstheit.

Du bist nicht im Hier und Jetzt

Im Hier und Jetzt bist du, wenn du in deinem Bewusstsein bist. Wenn du bewusst bist und ganz genau wahrnimmst, was mit dir in diesem Moment genau an Gefühlen, Gedanken und körperlichen Reaktionen passiert, dann hast du die Möglichkeit, mit diesem Gewahrsein und mit etwas Training deinem Unterbewusstsein neue Befehle zu geben, damit dein Unterbewusstsein sich danach ausrichtet und das ganz genau versucht umzusetzen.

Dein Unterbewusstsein wird nicht nur versuchen, das umzusetzen, sondern es wird eins zu eins diese Gedanken und Gefühle umsetzen, damit du weiterhin automatisiert deinen Alltag gestalten kannst.

Wenn du also entscheidest, dass du absolut aus deiner Präsenz und aus deinem bewussten Gewahrsein dein Business führen möchtest, dann erfordert dies etwas energetischen Aufwand.

Denn dein Bewusstsein ist nicht ganz so schnell wie dein Unterbewusstsein. Und es bedarf einiger sehr aktiver Momente und auch Aktionen, damit du aus deinem Bewusstsein heraus deinem Unterbewusstsein die richtigen Programmbefehle gibst.

Dein Unterbewusstsein ist sehr schnell und ein sehr mächtiger Speicher.

Über 90 Prozent aller Dinge, die wir den ganzen Tag über tun, kommen aus dem Unterbewusstsein und sind automatisierte Prozesse.

> Machen wir eine kleine Übung um zu verstehen, wie dein Unterbewusstsein funktioniert:

Wenn du morgens aufwachst, was sind deine ersten Gedanken?
Denkst du daran, was du heute alles tun musst?
Denkst du daran, dass du heute kochen musst, einkaufen musst, Wäsche waschen musst?
Oder bist du sofort in deinem aktuellsten persönlichen Thema involviert, z. B. weil du dich gestern über deinen Partner geärgert hast?
Wenn du dich bewusst einmal beobachtest, wirst du feststellen, dass du in dem Moment, in dem du aufwachst und aus deinen nächtlichen Träumen langsam ins Tal des Bewusstsein hinübergleitest, sofort du denken beginnst – aus deinem Unterbewusstsein.

Es beginnt sofort Gedanken und Gefühle zu senden, ganz automatisch.

Und ich empfehle dir: Beobachte mal für einen längeren Zeitpunkt, was da so alles passiert. Ob du es willst oder nicht.

Das, was du in der Früh denkst und fühlst, ohne dass du den Zensor einschaltest, ist das, was du tatsächlich bist.

Wenn das negative und einschränkende Gedanken und Gefühle sind, dann geht es darum, dass du sofort beginnst, dich umzuprogrammieren.

Was meine ich mit *umprogrammieren*? Ich meine damit, dass du zum einen beginnst, dir eine aktive, bewusste Praxis anzueignen, wie zum Beispiel die Meditation und das bewusste Atmen, um ganz in dein Gewahrsein zu kommen und um deine Präsenz und dein Hier und Jetzt zu spüren.

Zum anderen empfehle ich dir, dass du dir noch einmal anschaust, wie dein zukünftiges Ich, dein Grundgefühl, das du in deinem Leben und in deinem Business haben möchtest, ist. Ich empfehle dir, dich nach deinem Grundgefühl, welches du leben und erleben möchtest, auszurichten und so viele Aktionen wie möglich tagtäglich durchzuführen, die dich darin unterstützen. Das wirst du dir über einen längeren Zeitpunkt bewusst machen müssen.

Warum? Weil dein Unterbewusstsein derzeit ein anderes Programm hat. An dieser Stelle empfehle ich meinen Kundinnen meine 21 Tage Chakra Healing. In meinen Programmen, egal in welchen, arbeiten wir aktiv an all diesen Gedanken und Gefühlen, die permanent in uns hochkommen, und decken sie auf.

Das ist der erste Schritt zur Veränderung und zur Verbesserung. Denn dann wirst du dir bewusst, was du denkst und fühlst. Im letzten Kapitel habe ich dir verschiedene Techniken an die Hand gegeben, mithilfe derer du deine Blockaden und bisherigen eingeschränkten Gedanken und Glaubenssätze Schritt für Schritt auflösen kannst. Gehe bei Bedarf nochmals dahin zurück.

Es ist wichtig, dass du diese Praktiken regelmäßig praktizierst, um dein Bewusstsein Schritt für Schritt umzuprogrammieren. Ich empfehle dir sogar, diese Praktiken für den Rest deines Lebens zu üben, denn du wirst eines Tages deine Ziele erreichen und du wirst ganz tief in dir spüren, dass dein monetäres Ziel und dein Gefühlsziel absolut erreichbar sind.

Und du wirst immer mehr feststellen, dass du daran glaubst, und immer mehr diese innere Sicherheit spüren.

Und dann passiert es. Es kippt dein alter Glaubenssatz, dein altes einschränkendes Gefühl. Denn dein Unterbewusstsein hat so viele Informationen aus deinem Bewusstsein, aus deiner Präsenz, aus deinem aktiven Trainieren bekommen, dass jetzt der Moment ist, in dem es so voll geworden ist, dass ein sogenannter Tipping Point erreicht ist. Der Tipping Point, sagt man, ist erreicht, wenn du in deinem neuen Bewusstsein über 50 Prozent deiner Zeit verweilst. Dann hörst du noch nicht auf, denn du möchtest dieses Gefühl zu 100 Prozent für dich erreichen. Das ist der Moment, in dem du beginnst, immer mehr in dein Gewahrsein, in deine Präsenz und in dein Bewusstsein zu kommen und vor allem immer mehr Klarheit zu spüren in Fragen, die dein Business betreffen.

Und weil du dich immer mehr nach deinem zukünftigen Ich ausrichtest, immer mehr spürst, dass du deine Ziele erreichen kannst, immer mehr spürst, dass du gut genug bist, dass du tatsächlich erfolgreich bist, wirst du immer mehr dieser Situationen anziehen.

Denn alles ist Energie

Du bist mit allem verbunden und weil du dich neu ausgerichtet hast und dich kraft deines Gewahrseins immer mehr im Hier und Jetzt und dein bewusstes Sein und deine Präsenz spürst , ziehst du immer mehr das gewünschte Ergebnis außen an. Du wirst dich immer sicherer fühlen. Und das führt dazu, dass du immer mehr auch deine Position einnimmst.

Das ist es, was passiert, wenn Menschen sich immer mehr gewahr und bewusst werden, wer sie sind, was sie der Welt zu geben haben.

Aber sei gewarnt. Das ist ein Prozess, der nicht über Nacht passiert.

Du darfst dir Zeit dafür geben, diesen inneren Wachstumsprozess zu durchlaufen. Denn das ist die Basis für deinen Erfolg im Außen.

Ich möchte dir einige spannende Beispiele geben. Du wirst deine Position in der Welt sehr wahrscheinlich bereits kennen. Du kannst nur nicht immer etwas damit anfangen, weil du noch nicht in deiner Präsenz und in deinem ganzen Gewahrsein bist.

Meistens passiert Folgendes: Du weißt von Anfang an, was du in die Welt hinaustragen möchtest. Dann kommen Bewertungen und Einschränkungen so, wie ich es vorhin genannt habe. Du kannst diese fallen lassen, wenn du damit beginnst aufzuräumen und dir deine einschränkenden Glaubenssätze und Muster bewusst machst.

Im nächsten Schritt kannst du sie dann auflösen mit den Techniken der Energetischen Psychologie. Wenn du dann mehr in dein tagtägliches Gewahrsein kommst und dein Unterbewusstsein mit deinem neuen Programm bestückt, dann wirst du immer klarer in deiner Positionierung. Meistens ist es so, dass wir dann genau zu dem, was wir eigentlich von Anfang an schon wussten, zurückkehren.

Warum ist das so? Es ist deswegen so, weil du zunächst noch deine Bewertungen, Glaubenssätze und sonstigen einschränkenden Muster beiseiteräumen darfst, damit du in deine volle Präsenz und deine volle Power kommst, um deine Position einzunehmen.

Und das ist es, was aus meiner Sicht wahrhaftige Positionierung in deinem Business ist.

Wenn du auf eine unverrückbare, sichere Weise für dich feststellst: „Das ist genau das, was ich in die Welt tragen möchte. Das ist ganz genau das, was ich den Menschen geben möchte." Dann hast du auch einen bestimmten Grad an Präsenz, Gewahrsein und Position erreicht.

Und das wiederum gibt dir die Power und die ganze Überzeugungskraft, als Magnet für deine Kundinnen zu fungieren. Es lohnt sich also, dass du dir Gedanken machst: Was ist es, was dich bis dato noch einschränkt?

Deine Kundinnen spüren, dass du ganz im Hier und Jetzt bist. Wie zeigt sich das in den einzelnen Phasen der Kundengewinnung?

Beziehungsaufbau mit deinen Kundinnen

In der Phase des Beziehungsaufbaus mit deinen Kundinnen wirst du, weil du dir über deine Positionierung immer bewusster bist, als eine unverwechselbare Marke auftreten.

Dein Schreibstil wird ganz klar sein. Dein Auftreten in den sozialen Medien oder auf Veranstaltungen wird durchtränkt sein von deiner Positionierung und von deiner bewussten Präsenz. Denn du hast gelernt, mit Atemtechniken und Meditationen ganz klar wahrzunehmen, wer du bist, dich mit deinem höheren Selbst verbinden und aus diesem Gewahrsein, aus diesem Jetzt-Bewusstsein agieren und sprechen können.

Woran erkennst du das?

Du erkennst es daran, dass du von anderen Menschen als authentisch wahrgenommen wirst, weil du die Bewertungen und den Glauben, wie man sich zum Beispiel sichtbar macht, wie man auftritt, wie man schreibt, hinter dir gelassen und deinen ureigenen, authentischen Ausdruck gefunden hast. Wenn du diese Rückmeldung bekommst, dann kannst du dir sicher sein, dass du in deiner Präsenz angelangt ist.

Meistens wissen wir das ohnehin bereits. Wir brauchen die Rückmeldung nicht.

Denn durch diesen Bewusstseins-Prozess spürst du von selbst, dass du ganz in deinem Gewahrsam und gleichzeitig ganz in deiner Kraft und Power angelangt bist. Und das ist wirklich der große Unterschied zwischen antrainierten Gesprächsleitfäden, die nicht aus dem ganzen Gewahrsein, aus deiner ganzen Seele und auch aus deiner ganzen inneren Herzenskraft kommen. Als Menschen spüren wir, wenn das geschieht.

Deswegen ist es so wichtig, insbesondere in der Phase des Beziehungsaufbaus, dass du dir völlig im Klaren darüber bist, dass du dich aus der Kraft deines ganzen Gewahrseins, deiner ganzen energetischen Kraft heraus entwickelst.

Phase des Verkaufs

In der nächsten Phase, im Prozess des Verkaufs, wirst du eine Veränderung feststellen, wenn du bis dato bei Verkaufsgesprächen entweder nervös warst oder wenn du einen Gesprächsleitfaden für dich benötigt hast. Vielleicht hattest du von jemandem anderen gelernt, wie man richtig verkauft, und du hattest immer das Gefühl: „Das passt irgendwie nicht so richtig zu mir." Dann kannst du das jetzt, weil du in deiner kompletten Präsenz angekommen bist, getrost hinter dir lassen.

Es wird etwas passieren. Verkaufsgespräche oder sonstige Veranstaltungen (egal ob Webinar oder offline) werden eine völlig neue Kraft bekommen, weil du in deiner Hier-und-Jetzt-Präsenz angekommen bist. Auch das werden deine potenziellen Kunden spüren, weil du ganz im Moment bist und ganz aufmerksam wahrnimmst, was deine Interessenten bewegt, was sie für Themen haben und was sie wirklich brauchen. Dafür braucht es keine ausformulierten Gesprächsleitfäden. Ich empfehle meinen Kundinnen, an ihrer inneren Präsenz zu arbeiten und ganz für ihre Kunden im Gespräch da zu sein und wahrzunehmen, wer da ist.

Das kannst du auch online sehr, sehr leicht wahrnehmen, um dann das Gespräch aus diesem inneren Gewahrsein heraus zu führen. Ganz in dieser energetischen, positiven, zugewandten Grundhaltung zu bleiben, um dann mit Leichtigkeit auch die Verkaufsgespräche oder Webinare erfolgreich zum Abschluss zu führen, wird dich in eine neue Dimension in deinem Business führen.

In der Vergangenheit hast du deine Verkaufsgespräche vielleicht nicht erfolgreich abschließen können, weil du dich viel mehr darum gekümmert hast, wie du dein Programm ansprechen kannst und ob deine Interessentin genug

Geld hat. Das hat meist dazu geführt, dass du nicht mehr präsent bei deinen Interessentinnen bist und dich verlierst.

Auch wenn du Angst hast, bist du nicht mehr im Hier und Jetzt.

Dann bist du meistens in der Zukunft, weil du dich fragst, was andere von dir denken. Du fragst dich, ob du gut genug bist, oder denkst, die Interessentin wird nicht bei dir buchen, sodass du keinen Umsatz hast.

Es erfordert etwas Übung, aber stoppe dich in diesen Gedanken. Beginne zu atmen und erlaube dir, wieder ganz ins Hier und Jetzt zu kommen, in deine Präsenz zu gehen.

Ich wusste also 2015/16 unbewusst, als ich Deutschland verlassen hatte und dieses einzige Buch mit auf meine Reise mitnahm, warum ich es nötig haben würde. Denn genau das war es, was ich lernen durfte. Ich genieße es heute absolut, im Moment mit meinen Kundinnen zu sein, absolut aufmerksam zu sein, absolut wahrzunehmen, was auch bei mir ist. Und ich denke, jeder Coach sollte genug Selbstreflexion in sich haben.

Wenn es dir dann noch gelingt in die Absichtslosigkeit während des Verkaufs zu gehen, dann hast du eine höhere Stufe der Meisterschaft in dir erlangt. Absichtslos heißt: Erwartungen und Mangel – also die Angst, nicht genug zu bekommen – loszulassen.

Und genau diese Absichtslosigkeit hat dazu geführt, dass ich mir ein mehrfaches sechsstelliges Business im Laufe dieser Jahre aufbauen konnte.

Präsenz in der Zusammenarbeit mit deinen Kundinnen

Wenn wir jetzt noch einen Schritt weitergehen und den Prozess der Kundengewinnung verlassen und in unsere Arbeit mit den Kunden gehen, ist auch hier Präsenz und das Sein im Hier und Jetzt ein absoluter Boost für bessere Ergebnisse deiner Kunden.

Denn du nimmst ganz genau wahr, was deine Kunden jetzt bewegt, was sie jetzt brauchen. Welche einschränkenden Glaubenssätze und Blockaden sie haben, um jetzt für sich den nächsten Schritt gehen zu können und noch viel mehr.

Dadurch, dass du in deiner Präsenz bist und ganz in deinem Gewahrsein, nimmst du jetzt wahr, was deine Kunden brauchen, welche Tools ihnen ganz genau helfen werden, damit sie jetzt ihren nächsten Schritt vollziehen können. Und das ist der Grund, warum der Business-Boost „die Präsenz im Hier und Jetzt" aus meiner Sicht die absolute Nummer eins ist.

Zusammenfassung

Was hast du in diesem Kapitel gelernt? In diesem Kapitel habe ich dir gezeigt, dass wir immer recht haben, egal ob du glaubst, du schaffst es oder nicht.

Denn wir sind mit allem verbunden und unser Unterbewusstsein wird alles dafür tun, dass das, was wir glauben, auch eintrifft.

Damit du nach und nach in eine neue Ausrichtung kommst und das gewünschte Ergebnis in deinem Business erreichst, ist es deswegen wichtig, dass du in dein Gewahrsein kommst und deine Präsenz im Hier und Jetzt ganz genau wahrnimmst.

Du kannst dieses vor allem mithilfe des bewussten Atmens und der Meditation erreichen. Dort nimmst du wahr, was in deinen Gedanken und Gefühlen passiert, und kannst so insbesondere negative Gedanken und Glaubensmuster immer mehr auflösen und mit der Kraft deiner Präsenz und deines Bewusstseins dein Unterbewusstsein mit neuen Informationen versehen.

Dafür ist es notwendig, dass du tagtäglich übst und diese alten, einschränkenden Glaubensmuster auflöst und durch für dich bessere ersetzt. Denn wir sind mit allem verbunden und wir ziehen das an, worauf wir unsere Aufmerksamkeit lenken. Möchtest du große Ergebnisse erzielen?

Möchtest du erfolgreich in deinem Business sein? Möchtest du monatlich fünfstellige Umsätze erzielen? Oder möchtest du ein sechsstelliges oder noch höherstelliges Business aufbauen?

Dann ist es umso mehr erforderlich, dass du an deiner Präsenz und an deinem Gewahrsein arbeitest.

Dies gelingt dir, indem du dir bewusst machst, welche bisher einschränkenden Glaubenssätze und Blockaden dich daran gehindert haben, in dein volles Bewusstsein zu kommen und dieses neu zu programmieren, sodass dein Unterbewusstsein zu jeder Zeit sich danach ausrichtet, dich zu unterstützen, dass du deine Ziele erreichst.

Kapitel 5:

Business Boost 2 – Universelle Gesetze im Marketing und Verkauf

Wie dich die universellen Gesetze bei deinem erfolgreichen Marketing und Verkauf unterstützen

In diesem Kapitel möchte ich über den Paradigmenwechsel zum Marketing und Verkauf im Einklang mit den Gesetzen des Universums sprechen. Es ist ganz klar, dass wir am Anfang einer neuen Zeit stehen, in der wir insbesondere die Gesetze des Universums und das Quantenwissen in unserem Business leben werden. Beides sind nicht nur Prinzipien, die wir in unserem Privatleben anwenden, sie halten immer mehr im Geschäftsleben Einzug. Wir gehen in eine neue Bewusstseinsstufe. Deswegen möchte ich mit dir darüber sprechen, wie dich diese neue Bewusstseinsstufe in deinem Marketing unterstützt und dir zu ungeahnten neuen Erfolgen verhelfen wird.

Zur Erinnerung: Einen Paradigmenwechsel haben wir bereits vollzogen, und zwar den Paradigmenwechsel vom mechanischen Weltbild von Isaac Newton hin zum Quantenwissen von Albert Einstein. Zusammengefasst sagt Einstein: „Alles ist Energie, und es kann kein Problem vom gleichen Bewusstsein, mit dem es entstanden ist, gelöst werden".
Für uns steht ein Quantensprung und ein Bewusstseinssprung an. Lass uns gemeinsam die vier unterschiedlichen Bewusstseinsstufen anschauen in Vorbereitung auf deinen Erfolg in Marketing und Verkauf.

Die vier Bewusstseinsstufen und ihre Anwendung im Business

Natürlich lassen sich die vier Bewusstseinsstufen nicht nur im Business anwenden, sondern auch im Alltag. Du kannst dir selbst anschauen, wo du gerade stehst.

Es gibt vier Stufen. Die erste Stufe ist das „Es passiert mit mir"-Bewusstsein. Knapp zusammengefasst: Du siehst dich als Wesen, dem die Dinge des Lebens passieren. Du kannst nicht selbst lenken und siehst dich als Opfer der Umstände. Oder du bist in diesem Schicksals-Modus: Du glaubst, du kannst nichts lenken, du kannst nichts selbst gestalten. Die Dinge passieren dir.

In diesen Modus kommst du vor allem, wenn du dich fragst:

- *Warum passiert das immer mir?*
- *Warum komme ich immer in schwierige Situationen?*
- *Warum habe ich keinen Erfolg?*
- *Warum ist es so schwer, Kunden zu gewinnen?*
- *Warum haben meine Kunden kein Geld?*

Das ist das „Es ist passiert mit mir"-Bewusstsein.

Die anderen sind verantwortlich und du bist mehr oder weniger all dem hilflos ausgeliefert. So geht es jedem von uns mal. Wir fühlen uns in einer Situation hilflos, alles hängt von den anderen ab. Wenn es mal nicht so läuft, wie wir uns das wünschen, dann ist es sehr einfach, andere dafür verantwortlich zu machen. Ich glaube, das ist zutiefst menschlich. Das ist eine wichtige Lektion, die wir wirklich von der Kindheit zum Erwachsenenalter lernen dürfen. Wir haben alle noch ungelöste Kind-Anteile in uns, wenn wir noch nicht gelernt haben, schlicht und ergreifend unsere Größe und unsere eigene

Macht kennenzulernen und anzuerkennen. Wenn diese Anerkennung noch nicht stattgefunden hat und wir noch nicht auf der nächsten Bewusstseinsstufe angekommen sind, dann passieren Dinge wie:

Ich würde ja mein Business selbst in die Hand nehmen. Aber ich kann gerade nicht, meine Familie braucht mich.

Oder aber: *Mein Verkauf ist dieses Jahr nicht gut gelaufen wegen der Rezession. Und das Wetter war auch so schlecht …*

Ein weiteres Beispiel: *Ich bin eben nicht so erfolgreich. In meiner Familie hatte noch nie jemand richtig Erfolg.* Diese Liste kann endlos fortgeführt werden mit allem, wo wir Begründungen im Außen, Ausflüchte suchen und anderen die Schuld und Verantwortung zuschieben. Das gilt natürlich auch für das Privatleben.

Ab sofort weißt du, dass hier noch Innere-Kind-Anteile von dir gelöst werden dürfen.

Meistens sind das Verletzungen, die wir aus der Kindheit mit uns tragen, natürlich auch aus der Jugendzeit oder späteren Jahren. Oder wir haben es schlicht und ergreifend nicht gelernt von unseren Eltern oder von den Lehrern, Erziehern, Geschwistern, wie wir unser Leben selbst gestalten, es selbst in die Hand nehmen können.

Das passiert natürlich vor allem dann, wenn es ohnehin schon schwierig ist, wenn es nicht so gut läuft oder wenn es viel langsamer läuft, als wir vorher dachten. Wenn das bei dir gerade der Fall sein sollte, merkst du das an deiner eigenen Haltung. Am Gefühl, Dinge nicht selbst in der Hand zu haben und beeinflussen zu können. Am Gefühl, dich immer nach deinen Umständen richten zu müssen.

Eine beliebte Ausrede ist ebenfalls: *Ich habe keine Zeit! Wenn ich mehr Zeit hätte, würde mein Business wachsen und ich könnte mehr Kunden akquirieren. Aber ich muss so viel tun. Ich muss mich so sehr anstrengen. Ich muss so sehr ackern, ich muss so sehr präsent sein, ich muss mich so reinhängen, und es kommt überhaupt nichts dabei raus.*

Wenn du das von dir kennst, dann ist das der absolute Hinweis, dass du im „Es passiert mit mir"-Bewusstsein bist. Ich zeige dir deshalb Wege, wie du aus diesem Bewusstsein herauskommst. Die nächsten Stufen werden alle aufeinander aufbauen.

Dein Bewusstsein wird sich gravierend verändern, wenn du verstehst, in welchen Situationen du auf dem Beifahrersitz deines Lebens und nicht die Fahrerin deines Lebens gewesen warst. Das kann zunächst unangenehm und eine sehr frustrierende Erfahrung sein.
In diesem Moment möchte ich dich daran zurückerinnern: Das ist überhaupt nicht so. Du weißt nun Bescheid und wir sind mittlerweile in einem neuen Bewusstsein angelangt und im Gegensatz zu vor Hunderten von Jahren haben wir mehr Spielraum, um unser Leben selbst in die Hand zu nehmen. Und das spiegelt sich auch auf der Bewusstseinsebene wider. Denn wir können tatsächlich vieles selbst lenken und in unserem Leben in jeder Sekunde alles zu unseren Gunsten drehen.

Wie das geht, zeige ich dir in den nächsten Stufen. Die zweite Stufe ist das „Aufgrund von mir"-Bewusstsein. Hier sind wir jetzt endgültig im mechanischen Newton'schen Bewusstsein angelangt, und dort wird uns gelehrt: Wir wirken auf etwas ein.

Wir sind also einen großen Schritt weitergekommen, indem uns völlig klar ist, dass wir die Dinge in die Hand nehmen können und die Kontrolle über unsere Resultate haben.

Hier sind wir also in der Welt der Statistik. Und genau das ist es! Wenn du zum Beispiel 100 Interessenten hast und du kannst davon ausgehen, dass du eine Rate zwischen zwei und fünf Prozent hast, dann weißt du, dass von 100 Interessenten zwischen zwei und fünf bei dir kaufen werden. Das sind die Mechanik und die Kontrolle.

Aber diese Stufe hat uns viel mehr zu bieten. Wir verstehen, dass alles durch uns geschieht. Wir sind in der Aktion. Wir haben die Kontrolle.
Dazu gehören Sprüche wie:
Du weißt ganz genau, dass du es in der Hand hast.
Gib nie auf, bleib dran!
Du schaffst es!

Du bist nicht mehr Opfer, du machst nicht mehr andere verantwortlich. Du weißt, du hast es selbst in der Hand. Du weißt, du bist selbst verantwortlich für deine Ergebnisse. Genau an dieser Stelle stehen sehr viele Macher im Business. Das ist ebenfalls ein sehr menschliches Bewusstsein – und es ist männlich.

Dieses „Aufgrund von mir"-Bewusstsein ist aktiv, es ist direkt, es ist gerade. Diese Eigenschaften brauchst du natürlich im Business. In diesem Kapitel geht es ja vor allem um Marketing und Verkauf. Menschen in diesem Bewusstsein krempeln die Ärmel hoch, besonders im Verkauf.
Sie starten eine Kampagne nach der anderen, denn sie wissen genau, sie müssen zehn Prozent ihres Umsatzes wieder in Anzeigen investieren. Diese brauchen sie, um genau diese 100 Interessenten zu finden, um durch Statistik

zwei bis fünf Kunden zu gewinnen. Sie wissen, mit welchen Aktionen sie diese Kunden finden. Sie sind auf Social Media unterwegs, posten, schreiben Blogartikel, machen Content-Marketing und verkaufen teilweise wirklich gut.

Sie sind verschachtelt, haben verschiedene Programme. Das heißt, sie sind sehr aktiv. Das kann gleichzeitig sehr anstrengend sein.
Gerade wenn es heißt: Du bist selbstständig? Das heißt, du bist selbst und ständig. Du musst hart arbeiten, wenn du es etwas zu etwas bringen willst.

Hinter dieser Einstellung stecken weitere, ähnliche Glaubenssätze. Klar, harte Arbeit bringt dich zum Erfolg. Und du musst die Ärmel hochkrempeln. Du musst viel tun, vor allem am Anfang. Und das ist natürlich sehr anstrengend.

Und das ist bereits die Stufe, in der viele aufgeben, weil sie denken: „Oh Gott, das schaffe ich nie. Wenn das immer so anstrengend bleibt, dann bin ich irgendwann ausgebrannt!" Und das passiert auch. Ich kenne das selber von mir sehr gut. Ich kenne das von meinen Kundinnen, die am Punkt stehen: „Wenn das so weitergeht und ich so viel Social-Media-Präsenz zeigen muss und so aktiv sein muss in meiner Gruppe und ich so viel tun muss, ohne Kunden zu erhalten, dann weiß ich nicht, wie lange ich das durchhalte."

Dieser Punkt ist wichtig: Du denkst, du müsstest ganz viel tun. Dabei wird dir klar, was du alles noch nicht tust.

Dir fehlt die nächste Bewusstseinsstufe. Denn dort gelingen dir Dinge auf einem ganz anderen Level. Ganz anders als im „Aufgrund von mir"-Bewusstsein. Dort gibst du etwas hinein in eine Blackbox, ohne letztendlich zu wissen, was herauskommt außerhalb deines eigenen Kraftaufwands. Je mehr

Kraft du hineinsteckt und je länger du auf das Ergebnis warten musst, desto schneller passiert es: Wir brennen Schritt für Schritt langsam aus. Du bist enttäuscht, weil die Ergebnisse nicht zu dir zurückkommen.

Und dann beginnt das innere Hamsterrad zu dir zu sprechen und du rutschst in Stufe 1 zurück, gibst deiner Umwelt die Schuld und findest dich hinein in die Opferrolle. Du kannst nichts dafür. Die anderen sind schuld, weil du noch nicht verstanden hast, wie du aus einem anderen Bewusstsein heraus viel effektiver agieren kannst.

Auch bei mir selbst hat es eine ganze Weile gedauert, bis ich verstanden habe, wie ich das auf mein Business anwenden kann. Trotz jahrelanger energetischer Arbeit. Und ich bin froh, dass ich diese Erfahrung gemacht habe. Denn sonst könnte ich nicht darüber sprechen und diese Erfahrung nicht an andere weiter geben.

Eine meiner Kundinnen, eine hoch motivierte, engagierte Frau mit einem wunderbaren Wesen und einer positiven Ausstrahlung war bereits sehr aktiv. In diesem Jahr schwankte sie lange zwischen Stufe 1 und Stufe 2 hin und her. *Warum funktioniert meine Facebook-Gruppe nicht so, wie ich mir das vorstelle? Ich mache so viel, ich bin so aktiv. Und trotzdem habe ich so wenig Resonanz.*

Natürlich war sie sehr enttäuscht, hatte sie doch viel Energie hineingesteckt. Gleichzeitig hatte sie das Gefühl, sie könne die Dinge in ihrem mechanischen Bewusstsein beeinflussen und kontrollieren.
Und wenn es nicht geklappt hat, dann ist sie zurückgerutscht in den „Es passiert mit mir"-Bewusstseinszustand. Sie hat sich als machtlos empfunden und auch ein Stück weit als Opfer ihrer Umstände gesehen.

Das ist genau der Moment, in dem viele denken, die Methode funktioniere nicht. Ganz im Kämpfermodus wendete besagte Kundin alle Methoden an, die sie gelernt hatte. Methoden, bei denen Kunden durch bestimmte Verkaufstechniken zum Kauf bewogen werden. Trotzdem hat das für sie nicht funktioniert, weil sie so stark in diesem Kontrollmechanismus unterwegs war und in ihrem inneren Hamsterrad festsaß. Sie sah sich von allem getrennt, auch von ihren Kundinnen. In dem Moment, in dem sie in das neue Bewusstsein eingetreten ist, hat sich das plötzlich geändert. Dieser Prozess beginnt ab Stufe 3. Dort kommst du in das Feld des Quantenbewusstseins. Alles ist Energie. Auch das, was wir als Materie ansehen. Und wir sind mit allem verbunden.

Die Stufe 3 ist das „Durch mich hindurch"-Bewusstsein. Der Psychologe M. Csíkszentmihályi beschreibt diesen Zustand als den Flow-Zustand. Ich habe das damals im Studium gelernt und werde es nie vergessen. Im Flow-Zustand bist du, wenn du völlig eins bist mit dem, was du gerade tust. Tu, was du liebst, und du wirst keinen Tag in deinem Leben arbeiten. Genau das passiert, wenn du wirklich komplett aufgehst in deiner Tätigkeit und eins wirst mit deiner Arbeit. Wenn du sie so sehr liebst, dass du dich erfüllt fühlst, wird es dir ebenfalls gelingen, in den Flow-Zustand zu kommen.

Das ist ebenfalls der Moment, in dem du im „Durch mich hindurch"-Bewusstsein bist. Was passiert da? Du befindest dich in diesem Bewusstseinszustand und es geschieht durch dich. Gleichzeitig bist du sehr aktiv und aufmerksam, ohne Anstrengung und absichtslos. Du kennst die Statistiken. Du weißt ganz genau Bescheid, wie viel Interessenten in der Regel am Ende deines Tages dein Programm kaufen. Du weißt, dass es bestimmte Mechanismen braucht. Du kennst das Online-Marketing, weißt, wie es funktioniert. Du weißt, in welcher Energie du sein darfst, und du bist leicht und tust aktiv etwas für deinen Erfolg. Und du bist gleichzeitig komplett entspannt. Wenn du dich fragst: *Wie komme ich denn in diese komplette Entspannung überhaupt hinein?*, dann wirst du in den weiteren Kapiteln Techniken und Tools lernen, die dir dabei helfen. Aber lies dir auch noch einmal die Tools und Techniken aus den vorherigen Kapiteln durch.

Aus der Energetischen Psychologie das höhere Selbst, Dankbarkeit, Vergebung – all das sind mächtige Tools, die neben Achtsamkeit, bewusstem Atmen und Meditation im weiteren Verlauf erklärt werden und dich in die Entspannung bringen. Denn letztendlich geht es ganz genau darum: Dass du dein Business aus einem inneren Zustand der Leichtigkeit betreibst.

Wahrhaftige Leichtigkeit beginnt, wenn du aufmerksam und aktiv, aber gleichzeitig entspannt bist. Dann kommst du in den Flow.
Ich möchte dir hierfür ein Beispiel geben. Wenn du im Sommer Urlaub am Meer machst und auf einer Luftmatratze auf dem Wasser treibst, dann treibst du auf das Meer hinaus.

Das ist eine „Aufgrund von mir"-Aktion. Durch dich geschieht etwas. Du legst dich auf die Matratze. Du treibst aufs Meer hinaus. Am Anfang paddelst du natürlich stärker. Dann bleibst du einfach auf deiner Luftmatratze liegen. Du weißt aber genau, dass es nicht ratsam ist, jetzt einzuschlafen, denn du bist auf dem offenen Meer. Wenn du schläfst, wirst du vielleicht weggetrieben und das möchtest du natürlich nicht. Du willst nicht aus Versehen an einem anderen Küstenabschnitt angetrieben werden. Du bist in einer schönen Umgebung, du bist auf dem Meer. Es ist Sommer, die Sonne scheint und das Wasser plätschert ganz beruhigend. Du bist sehr entspannt und genießt die Situation unendlich. Ab und zu nutzt du deine Hände für leichte Bewegungen, um nicht abgetrieben zu werden und plötzlich an einem anderen Ort herauszukommen. Du bist komplett in dieser inneren Leichtigkeit, in innerer Harmonie. Es passiert einfach. Du wirst sanft hin und her geschaukelt und ab und zu schaust du einfach aufmerksam und entspannt vor dich hin. Mit ein paar Handbewegungen bringst du dich in die Position zurück, von der du ursprünglich gestartet bist. Dieses Beispiel kannst du eins zu eins auf dein Business anwenden.

Natürlich geschieht eine solche Verwandlung nicht von heute auf morgen. Aber du kannst sie von Anfang an durch die Techniken trainieren, die ich dir bereits vorgestellt habe und die in den weiteren Kapiteln vertieft werden.

In diesem Bewusstsein gibst du ein Stück weit die Kontrolle auf und lässt Dinge einfach geschehen. Du vertraust, dass du im richtigen Moment die richtige Bewegung machen wirst, damit du wieder an deinem Startpunkt ankommst. Und gleichzeitig bist du auf dem offenen Meer und umarmst die potenzielle Unsicherheit, die mit dieser Offenes–MeerErfahrung einhergeht. Du könntest abgetrieben werden, aber du vertraust ganz darauf, dass du die Fähigkeit und die Kompetenz hast, dass du wieder zurück zum Ufer kommst, wenn du das möchtest, und dass du hier sicher und geborgen bist, dass dir nichts passiert. Du hast dich selbstverständlich vorher informiert. *In welchem Gewässer bin ich?* Und du hast dich dann diesem Prozess vertrauensvoll hingegeben, dich aufs Meer zu begeben, zunächst aktiver hinauszugehen, um dich dann wirklich aufmerksam und entspannt zur selben Zeit in diesem wunderschönen Zustand auf dem Meer hinzugeben. Und das passiert auch in deinem Business. Genau so fühlt sich der Flow-Zustand an. Du verstehst immer mehr, dass du mit allem eins bist, das alles Energie ist. Du bist nicht getrennt von deinen Kundinnen. Wenn du etwas tust, dann bewegt sich auch etwas beim anderen.

Diese energetischen Prozesse bringen wie von selbst positive Dinge mit sich. Kunden kommen wie von selbst zu dir, die richtigen Menschen zeigen sich zur richtigen Zeit.

Du hast es ans Universum abgegeben, weil du weißt, was du willst. Weil du nicht weißt, wie es gehen soll, gibst du diese Aufgabe ab und die Dinge passieren wie von selbst. Du denkst, du möchtest etwas und dann ruft genau die Person an, an die du gerade gedacht hast. Die Dinge scheinen wie absichtslos ganz schnell und leicht zu passieren. In diesem Moment wirst du mehr zum Kanal, als dass du die Dinge mechanisch bewegst. Sie passieren vielmehr durch dich.

Du aktivierst dein höchstes Potenzial durch dieses Bewusstsein. In diesem Moment ist tatsächlich außergewöhnliches Wachstum möglich.

Eine weitere Kundin von mir war etwas länger auf der zweiten Bewusstseinsebene. Sie war mit dem Aufbau ihres Online-Business beschäftigt, war sehr aktiv auf Social Media, in ihrer Facebook-Gruppe und hat sich gefragt: *Warum passiert hier nichts? Ist es* überhaupt der richtige Weg, hier *acht Stunden am Tag unterwegs zu sein? Trotzdem passiert nichts.*

Und dann geschah etwas. Das war der erste Moment, in dem sie ihre innere Haltung veränderte. Sie hatte sich energetisch anders ausgerichtet und prompt gewann sie drei neue Kundinnen aus dem Nichts, die sie von selbst anschrieben, ob sie mit ihr zusammenarbeiten könnten. Noch mehr hat sie das Ganze getoppt, indem sie innerhalb von weniger als 21 Tagen ihr Programm gelauncht hat, weil sie wirklich im Flow-Zustand war. Und weil sie einfach tief im Vertrauen war, die Unsicherheit umarmt hat. Natürlich war sie aktiv, aber sie war gleichzeitig auch unglaublich entspannt, hat die Kontrolle aufgegeben, hat sich Unterstützung und Hilfe geholt. Und sie hat vor allem durch ihre innere Ausrichtung immer, wenn etwas nicht gut gelaufen ist in diesem Prozess, sofort danach gefragt *Wie kann ich das energetisch aus einer anderen Sichtweise sehen? Was kann ich energetisch in mir selbst verändern?*

Und durch diese neue Art hat sie diesen immens großen Erfolg erzielen können. Mit Sicherheit war sie während des Launchs bereits in der vierten Bewusstseinsstufe, über die ich jetzt sprechen möchte.

Die vierte Bewusstseins-Stufe ist das, „Alles ist eins – ich bin"-Bewusstsein.

Diese Stufe ist eine erhöhte Bewusstseinsstufe, weil du weißt, dass du dich nicht mehr aktiv bemühen musst, dass etwas passiert. Stattdessen weißt du, dass du das Universum bist. Du bist keine Co-Kreateurin mehr. Du selbst bist diese große, grenzenlose, unendliche Macht. Das erfährst du aus der Tiefe deines Seins für dich selbst.

Das ist kein mentales Konstrukt, sondern etwas, was du ganz tief aus dir selbst heraus erfährst. Plötzlich weißt du, dass du nicht mehr getrennt bist. Du gibst diese Illusion komplett auf. Du gibst auch die Illusion der Angst und der Kontrolle auf.

Du bist eins mit allem und du weißt: Jede Person, jede Erfahrung, ist ein Spiegel von dir selbst und deine Erfahrungen hängen ganz alleine von dir selbst ab. Was du erfährst, hast du kreiert.

Wenn du etwas kreierst, was du ungern haben möchtest, dann hast du aus dem Unterbewusstsein gehandelt. Aus einem unbewussten Zustand.

Und im „Ich bin"-Bewusstsein weißt du, dass du in jeder Sekunde, in jedem kleinsten Moment deines Lebens ALLES drehen kannst. In jeder Sekunde hast du die Möglichkeit, alles zu verändern. Du bist unendlich kraftvoll. Wenn du herausgefallen bist, dann verbindest du dich mit deinem „Ich bin"-Bewusstsein und du bist sofort wieder in diesem Zustand und kannst beginnen, ganz genau das, was du dir wünschst, zu kreieren. Du gibst Liebe absichtslos, ohne etwas zu erwarten. Und das ist der wesentliche Unterschied.

Bist du wirklich in diesem ganz großen Ozean komplett aufgegangen? Und es spielt auch überhaupt keine Rolle mehr? Was geschieht, wenn du ein Ergebnis für dich erzielst, das dir nicht gefällt?

Dann hast du die Chance auf etwas Neues. Und du kriegst etwas Neues, indem du einfach dein inneres Universum umdrehst und dich dafür entscheidest, im Außen etwas anderes zu erleben. Je mehr du absichtslos gibst, desto mehr erhältst du zurück. Das ist mein Geheimnis für absoluten Erfolg im energetischen Marketing und Verkauf.

Wann immer du noch Erwartungshaltungen hast und diese an dein Leben geknüpft hast, bist du immer noch in Stufe 2 „Aufgrund von mir"-Bewusstsein.

Es geht tatsächlich darum, dich diesem Strom komplett hinzugeben, dich dem Leben hinzugeben und dich mit dem, was um dich ist, komplett eins zu fühlen. Das heißt, du bist deine Umgebung.

Du bist dort, wo du jetzt bist. Das bist du. Du bist der Baum, du bist das Haus, du bist das Licht, du bist die Sonne. Du bist all das. Du fühlst es und erfährst es in deinem Leben. Du bist absolut eins. Es gibt nicht einmal nur einen Hauch der Trennung mit dem, was auch im Außen stattfindet. Du weißt ganz genau: Das, was du anderen Menschen gibst, das gibst du auch dir selbst.

Und da kommt dieser Spruch von Jesus zum Tragen: *Liebe deinen Nächsten wie dich selbst.* Denn wenn du dich selbst liebst, dann kannst du dem anderen Liebe geben, und indem du den anderen liebst, liebst du auch dich selbst. Und wenn du anderen Menschen hilfst, dann hilfst du auch dir selbst. Genau dann entsteht dieses Einheitsgefühl. Das Großartige ist, dass du in diesem Bewusstsein nicht mehr viel tun musst. Das heißt, du musst nicht mehr auf alle Dinge, die passieren, reagieren, sondern du kannst selbst entscheiden. Was sind die Umstände und auf was möchtest du tatsächlich reagieren?

Du kannst in diesem Zustand alle Marketing- und Verkaufstechniken vergessen. Du wirst sie nicht brauchen. Du kannst dein Business genau so kreieren, wie du es möchtest. Dann bist du wirklich in deinem höchsten Potenzial.
Deine innere Meisterschaft ist komplett.
Du bist die Kreateurin.
Du weißt, du bist das Universum.
Du weißt, du bist die Schöpferin.

Und dennoch geschieht es alles absichtslos, im Einklang mit den Gesetzen des Universums. Du erreichst Gleichgewicht und Harmonie.

Wenn du selbst Liebe bist und dein Business aus der Tiefe deines Seins und deinem wahrhaftigen Herzen heraus führst, kommst du in einen höheren Zustand. Du bist mit deinem höheren Selbst, mit deiner inneren Führung und deiner Intuition verbunden.
Und je mehr du dich mit diesem energetischen Ansatz, den ich dir in diesem Buch gebe, beschäftigst und verstehst, worauf es ankommt, desto mehr wirst du ein Gefühl dafür bekommen, was es bedeutet, in diesem Bewusstseinszustand zu sein.

So wie ich es in dem Beispiel mit der Luftmatratze auf dem Meer geschildert habe, indem du aufmerksam und entspannt bist und absichtslos kreist, kommst du immer mehr in diesen Flow-Zustand hinein.

Und das ist sehr effizient, weil du dich nicht mehr abstrampeln und nicht mehr so mühen musst wie in der Stufe 2 im „Aufgrund von mir"Bewusstsein, in der du das Gefühl hast, immer mehr tun zu müssen.

Mehr Marketing, mehr Verkaufstechniken, mehr Rhetorikseminare. Nein, du hast verstanden, dass deine Energie und dein Bewusstseinszustand das wichtigste Tool in deinem Business sind. Und wenn du dir darüber klar bist und diese Technik immer mehr anwendest, dann wirst du in kürzester Zeit komplett andere Ergebnisse für dich in deinem Business erzielen.

Und das wird sich selbstverständlich auch in zufriedeneren Kunden und noch besseren Umsätzen, besseren Ergebnissen niederschlagen. Das ist der Moment, in dem die Magie passiert, in dem Wunder in deinem Leben und in deinem Business passieren – und zwar mühelos.

Zusammenfassung

In diesem Kapitel hast du gelernt, wie du vom bisher mechanischen Bewusstseinszustand in das Quantenbewusstsein in deinem Business wechselst, indem du dich von den alten Paradigmen löst und immer mehr in dein „Ich bin"-Bewusstsein auch in deinem Business übergehst. Du hast die vier Stufen des Bewusstseins kennengelernt und wie sie ein altes und neues Paradigma vertreten.

Du beginnst mit dem „Etwas passiert mit mir"-Bewusstsein, indem du zunächst passiv bist, das Leben passiert dir und du fühlst dich immer wieder hilflos und als Opfer. Das ist die Stufe 1.

Im nächsten Level, dem „Aufgrund von mir"-Bewusstsein bist du aktiv, du machst, du rennst, du bist im Hamsterrad, du übst Kontrolle aus und du weißt, dass du es in der Hand hast. Hier ist die Welt der Motivations-Coaches der alten Schule zu Hause.

Und in der Stufe 3, dem „Durch mich hindurch"-Bewusstsein, gehst du in eine höhere Bewusstseinsstufe. Du gehst immer mehr in dein höchstes Potenzial, in die Verbindung mit deinem höheren Selbst und kommst immer mehr in die innere Leichtigkeit und in den Flow-Zustand, in Harmonie. Die Dinge passieren einfach wie durch magische Hand.

In der letzten Stufe erfährst du, dass alles eins ist, dass du dein Kunde bist, dass du der Baum bist und dass alles ein Spiegel ist von dir ist. Du hast in jeder Sekunde die Möglichkeit, wenn dir etwas nicht gefällt, die Ergebnisse zu verändern. Denn du bist unendliche Machtfülle. Du erfährst dich nicht mehr als Co-Kreateurin, sondern als Schöpferin deines Lebens und deiner Realität. Und zwar zu jeder Sekunde und in jedem Moment. Und das ist der Moment, in dem du weißt, dass du deine Umstände selbst schaffst, und zwar, indem du nichts im Außen aktiv dazu tust, sondern einfach dein inneres Erleben komplett veränderst und dadurch deine äußeren Umstände beeinflusst. Das ist die höchste Stufe.

Kapitel 6:

Dienen kommt vor Verdienen

In der neuen Zeit gibt es einen komplett neuen Ansatz des Verkaufs und des Beziehungsaufbaus zu deinen Interessentinnen und deinen Kundinnen. Was in der alten Zeit so etwas war wie „Der Kunde ist König", geht jetzt noch einen Schritt weiter.

Nicht nur der Kunde, sondern auch der Interessent ist König.

Jeder Mensch ist König. Deshalb geht es darum, dass du aus der reinen Freude heraus in deinem Business agierst. Wenn du mit deinem Business im Einklang mit den universellen Gesetzen, mit den Gesetzen des Universums, agieren möchtest, dann ist es eine zwingende Voraussetzung dafür, dass du eine Freude am reinen Geben entwickelst. Das ist für mich die wichtigste Basis in der neuen Zeit. Genau das erzähle ich meinen Kundinnen, wenn sie zu mir kommen.

Frage dich: Gibt es bei dir immer Freude? Wie sehr bist du selbst in der Freude in deinem Privatleben? Wie sehr bist du in der Freude im Business?

Wenn du dein Business als schwierig, als schwer, als anstrengend und mühsam erlebst, dann ist es sehr schwierig, dich als Dienende zu sehen und dich ganz in den Dienst zu stellen für deine Interessentinnen, für deine Kundinnen. Und genau das macht in der neuen Zeit den Unterschied. Es geht um die reine Freude am Geben, am Dienen. Beides kommt vor dem Verdienen. Erst geht es um den Dienst, um dein Dienen. Dann kommt das **Ver**dienen.

In deinem Business steht, wie bereits in den vorherigen Kapiteln beschrieben, das Gefühl an erster Stelle. Dankbarkeit, Vergebung und deine Ausrichtung sind machtvolle Instrumente und die Grundvoraussetzung für ein erfolgreiches Business und als spiritueller CEO. Dass du reine, kindliche Freude spürst und sie tagtäglich lebst, hilft dir nicht nur, besser im Business zu werden, sondern dich dabei auch besser zu fühlen. Es geht darum, diese Gefühle alle wirklich zu fühlen. Das ist kein mentaler Prozess. Ich werde es nicht müde zu sagen:

Es gibt keine mentale Freude. Es gibt eine innere Herzensfreude. Und genau die macht dich unwiderstehlich.

Indem du freudvoll agierst und dich um dich sorgst, dich um dich kümmerst, aktivierst du diese Freude.

Was bereitet mir im Alltag Freude?
Was macht mir richtig Spaß?

Das können äußere Aktivitäten sein, aber Freude ist nicht darauf beschränkt. *Ist es eine innere Haltung, sich für die innere, gelebte Freude am reinen Sein zu entscheiden?* Leider ist uns das nicht immer in die Wiege gelegt worden bzw. abtrainiert worden im Laufe der Jahre, im Elternhaus, in der Schule, in der Jugend.

Wir sind umgeben von vielen negativen Dingen, sodass uns unsere natürliche Lebensfreude, die uns angeboren ist, verloren geht. Wenn du kleine Kinder betrachtest, nimm einmal ganz genau wahr, in welcher großen Freude sie sind. Vielleicht vermutest du jetzt, dass sie dann mit der Realität in Berührung kommen und diese Freude verlieren. Aus meiner Sicht gibt es da überhaupt keinen Grund dafür, dass sie uns abhandenkommt.

Diese innere Lebensfreude, diese Lebenslust kannst du wieder aktivieren. Du kannst sie erwecken, sie wieder spüren und im Inneren leben. Wenn du sie im Inneren lebst, bist du auch im Äußeren anziehend und ansteckend für anderen Menschen. Sie werden gar nicht anders können, als in deiner Nähe sein zu wollen. Und ich weiß, das ist manchmal ein langer Weg dahin.

In diese energetische Lebensfreude zu kommen, ist jedoch der Schlüssel. Und warum ist das der Schlüssel? Es ist der Schlüssel, weil es uns selbst so viel Freude und Spaß macht, in dieser Lebensfreude zu sein, in dieser absichtslosen Freude, ohne dass wir etwas im Außen dafür brauchen. Das Leben ist so schön. Und wenn du sagst, das Leben ist überhaupt nicht schön, dann möchte ich dich im ersten Schritt gleich ermutigen und ermuntern, dass du dir jetzt Zeit nimmst, nach draußen zu gehen, in die Natur und einmal bewusst wahrzunehmen, was da ist. Egal wann du dieses Buch liest und welche Jahreszeit es ist, tue es. Jetzt.

Die Natur ist reines Dienen, reine Fülle, reine Freude und macht das permanent absichtslos. Im Frühling fangen die Knospen an zu treiben. Es kommt das erste Blattgrün, es kommen die ersten Pflanzen, die Vögel zwitschern und singen schon in der Früh. Die Sonne scheint, die Vögel sind am Himmel. Wenn du am Wasser wohnst, hörst du das leise Plätschern des Wassers oder des Meeres.

Selbst in der Stadt gibt es diese Momente an Schönheit, an reiner Freude und an Fülle in der Natur. Geh in die Natur, gehe raus, verbinde dich, laufe auf dem Gras. Nimm alles um dich herum wahr. Umarme einen Baum – was auch immer du möchtest – und verbinde dich mit der reinen, puren Fülle. Mit Lebensfreude und Lebenslust.

Die Natur macht sich darüber keine Gedanken. Sie *ist* einfach und sie zeigt sich in ihrer ganzen wunderbaren Schönheit, ohne sich darum zu kümmern, ob es jemand sieht. Das ist ihr reines Sein und wir Menschen tragen diese Schönheit ebenfalls in uns. Wir sind reines Sein, reine Lebensfreude, reines Geben. Wir sind ganz genau hier, in diesem Moment. Und genau darum geht es! Dein Business und dein Leben, beide finden in der neuen Zeit statt und lassen sich nicht gänzlich voneinander trennen. Es ist wichtig, dass du das verstehst. Und das ist genau das, was dich in diese Richtung führt.

Wenn du mit Interessenten in Kontakt kommst, kannst du dich zeigen, mit deiner Expertise, deinem Wissen, deinem Sein. Egal ob das in den sozialen Medien ist, auf deiner Webseite, in deinem Blog oder als Podcast. Oder indem du PR-Arbeit machst, indem du Artikel verfasst, indem du als Sprecherin tätig bist. Dort bist du immer in deinem ganzen Sein und das ist es, was dich anziehend macht. Deswegen ist es so wichtig, dass du dich um deine innere Freude kümmerst.

Frage dich selbst:

- *Was ist da, das in mir befreit werden möchte,*
- *was in mir wartet,*
- *was in mir entdeckt werden möchte?*
- *Welches zusätzliche Potenzial schlummert noch in mir, welches ich ganz in den Dienst stellen kann?*

Und das ist der wesentliche Ausdruck des Business in der neuen Zeit. Spirituelle CEOs, die wirklich mit ihrem ganzen Sein in ihrem Business tätig sind und nicht bestimmte Teile von sich abspalten. Denn diese Teile sind immer da. Du spaltest sie dann ab oder unterdrückst sie, wenn du nicht dein ganzes Sein, deine innerste Essenz in deinem Business lebst. Sobald du die

Veränderung schaffst, schöpfst du aus der inneren Fülle und inneren Freude heraus, mehr und mehr.

Dieser Prozess geschieht allerdings nicht über Nacht. Je nachdem, wo du stehst, musst du verschiedene Blockaden und Sabotagen aus dem Weg räumen. Dann kannst du dich trauen und diese innere Sicherheit und das Vertrauen spüren. Du wirst spüren, dass es möglich ist, dass es richtig ist und dass du diese innere Freude erleben darfst. Manchmal kommt sie uns abhanden, durch vermeintliche Schicksalsschläge oder äußere Umstände.

Lass uns ein Beispiel aus meinem eigenen Leben anschauen. Als ich begonnen habe mich selbst zu orientieren, war ich 2015 an einer ganz schwierigen Stelle in meinem Leben angelangt. Mein vorheriges Offline-Business war zusammengebrochen. Ich wusste aber auch, dass ich es nicht aus der Tiefe meines Seins heraus geführt hatte.

Es waren eine Unternehmensberatung und eine Pizzeria. In beiden Fällen hätte ich nicht sagen können: Das ist es, was mich wirklich erfreut und erfüllt. Das hat sich genau darin widergespiegelt, dass dieses Business tatsächlich durch vermeintliche äußere Umstände zusammengebrochen ist. Und das ist natürlich im Nachhinein betrachtet das Beste, was mir passieren konnte. Denn es war ein sehr großer Einschnitt in meinem Leben. Ich habe auf einer Ebene alles verloren, inklusive viel Geld und musste noch einmal von null starten.

Und damit habe ich dann in 2016 begonnen. Diese ersten Monate des Übergangs werde ich nie vergessen. Sie waren sehr schwierig für mich, weil ich durch diese äußeren Umstände, durch diese Schwierigkeiten überhaupt keinen Zugang zu meiner inneren Freude und meinen eigenen Zielen mehr hatte und nicht wusste: *Was möchte ich eigentlich in meinem Leben überhaupt tun und erreichen?*

Ich wusste einzig, dass ich etwas machen möchte, was ich liebe. Zu diesem Zeitpunkt hatte ich jegliche Form von innerem Kontakt verloren; ich wusste selbst nicht, was ich eigentlich liebe. Also bin ich in mein Inneres gegangen und habe angefangen, genau dort zu forschen. Was ist das Innere überhaupt? Es fiel mir gar nicht leicht.

Deshalb kann ich sehr gut verstehen, wenn du dich selbst fragst: *Was ist das eigentlich, diese Freude am Geben, diese Freude am Sein, diese Freude am Tun? Ich weiß es gar nicht, was mir eigentlich Freude bereitet aus meinem tiefsten Inneren.*

Dann lade ich dich jetzt herzlich ein, gehe in dich und spüre dem nach. Es lohnt sich absolut. Als ich keine Verbindung mehr zu mir selbst hatte, bin ich diesen Schritt ins Innere zurückgegangen, in meine innerste Essenz, und habe meinen Schatz erneut gehoben.

Denn dieser innere Schatz ist immer da. Diese innere Freude, diese Lebensfreude, ist immer da. Komplett ins Außen gerichtet verlieren wir diese. Vor allem, wenn wir Dinge tun, die nicht unseren Seelenplänen gemäß sind. Das war bei mir so. Aber das habe ich ändern können. Das Universum hat mir geholfen. Die äußeren Umstände haben mir geholfen, dass sich alles verändert, so wie es sein soll. Und so konnte ich mein Leben neu starten. Ich habe mir geschworen, ich mache nur noch das, was ich liebe und ich habe im Innersten gegraben, was mir wahrhaftig aus meinem Inneren heraus Freude bereitet. Und so bin ich Schritt für Schritt weitergegangen und habe mich wieder verbunden mit meiner innersten Quelle, mit meiner innersten Essenz, ohne direkt zu verstehen: *Was ist das eigentlich? Was brauche ich bzw. wer bin ich denn eigentlich überhaupt? Und wie soll sich das äußern? Und wie soll das sich in meinem Business äußern?*

Das war etwas, was mir nicht mehr klar war. Ich bin diesen Weg gegangen und als ich mich verbunden hatte mit meiner inneren Freude, mit meinem inneren Sein, begann ich auch in meinem Business sichtbar zu werden. Allerdings bin ich direkt auf die nächste Hürde gestoßen. Das Wissen war da. Aber wie soll ich denn damit Geld verdienen? Genau in diesem Moment bin ich auf das Konzept „Dienen kommt vor verdienen" gestoßen. Seitdem bin ich davon nicht mehr abgewichen.

Was bedeutet „Dienen kommt vor verdienen"? Wenn du dich erinnerst, im vorigen Kapitel habe ich über Bewusstsein Stufe 3 und 4 gesprochen. In deinem Business der neuen Zeit geht es ganz genau um das Dienen, um absichtslos zu geben.

Wenn du das in einer anderen Art und Weise ausdrücken möchtest, dann heißt das beziehungsorientiertes Marketing, indem du wirklich eine echte und authentische Beziehung aufbaust. Und das ist der springende Punkt: Ohne Absicht hast du auch keine Erwartungshaltung und wirst nicht erwarten, dass dein Kunde auf eine bestimmte Art und Weise reagiert.

Das vermeintliche Paradox zwischen Ziel und Absichtslosigkeit lässt sich anhand eines Beispiels aus dem Bogenschießen erklären.

Dort verhält es sich ganz genauso. Du richtest Pfeil und Bogen auf die Mitte der Scheibe. Du bist dabei komplett absichtslos. Du bist im höchsten Bewusstsein, in der höchsten Konzentration und absolut im Hier und Jetzt ausgerichtet. Schaffst du es, dich gänzlich hinzugeben im Akt der Ausrichtung zwischen kompletter Spannung und Entspannung – dann lässt du los. Du vertraust im Leben so, wie in der Kunst des Bogenschießens vertraut wird, wenn du den Pfeil loslässt.

Du vertraust, dass dieser Pfeil das Ziel treffen soll und auch tatsächlich trifft. In diesem Moment gibst du komplett die Kontrolle ab, lässt die Erwartungen fallen.

Wenn du das nun auf das Business übertragen möchtest, gehst du voll und absichtslos im Dienste deiner Kundinnen und Interessentinnen auf.

Absichtslosigkeit ist eine Technik, die ich gerne an Kundinnen weitergebe, denn ich sehe sehr schnell Ergebnisse.

Große Erwartungshaltungen führen zu Verkrampfungen, zu Verbissenheit, zu Negativität, zum Kampfmodus. *Ich muss mich da durchbeißen, ich muss kämpfen. Ich muss zu diesem Ziel kommen, ich muss mich anstrengen.*

Sobald Business mühsam wird, wird es schwierig. Zwar haben wir gelernt, dass wir uns anstrengen müssen, um Erfolg zu haben, aber das stimmt nur zu einem gewissen Grad. Du musst deine Komfortzone verlassen und dich Herausforderungen stellen. Das tut manchmal weh. Aber es geht nicht darum, dass Kunden zu gewinnen anstrengend sein muss. Es sollte nicht Schweiß und Tränen kosten, sondern aus einer inneren Leichtigkeit heraus geschehen. Und diese innere Leichtigkeit entsteht dann, wenn du dich als Dienende begreifst. Aber nicht, um etwas zurückzubekommen, sondern für den reinen Akt der Freude, des Gebens. Das ist für mich der entscheidende Unterschied. Ich spüre bei meinen Kundinnen ganz genau, welche das bereits praktizieren und welche es nicht tun.

Nimm ein weiteres Beispiel: Wenn Kundinnen kommen, die sich bereits bei Social Media zeigen, sich eine Community aufbauen (zum Beispiel auf Facebook) und dann erwarten, dass Interessenten in einer bestimmten Anzahl kommen und auf eine bestimmte Art und Weise interagieren, sind sie oftmals enttäuscht, vor allem, wenn sich die Ergebnisse nicht sofort zeigen. Natürlich braucht eine solche Maßnahme Übung und Zeit. Du wirst dich erleichtert fühlen, wenn du diese Erwartungshaltung aufgibst und dich stattdessen in den Dienst begibst. Natürlich geht es nicht darum, nur zu geben, zu geben, zu geben. Es geht natürlich auch darum, deine Programme anzubieten und zu verkaufen. Dafür habe ich eine Methodik entwickelt, über die wir in späteren Kapiteln etwas mehr sprechen werden.

Denke noch einmal zurück an die Bewusstseinsstufen aus dem vergangenen Kapitel. Je nachdem, wo du stehst, verstehst du dich vielleicht als Gebende, die aber die Erwartungshaltung hat, etwas zurückzubekommen. Dadurch versuchst du, Kontrolle auszuüben. Das ist ähnlich wie in Beziehungen, wenn du die Erwartung hast, Liebe auf eine bestimmte Art zu erhalten. Je mehr du gibst, desto mehr bekommst du zurück.

Wenn die Erwartungshaltung nicht eintrifft, dann fallen manche auf die Stufe 1 zurück und sehen sich als Opfer.

Sie denken, bei ihnen funktioniere das nicht. Oder sie haben das Gefühl, sich anzubiedern und wollen „sich nicht verkaufen". Bist du auf Stufe 1 zurückgefallen, gilt es, sich aktiv wieder auf Stufe 2 zu begeben. Von dort möchtest du wieder in die Stufe 3 kommen.

Denn deine Erwartungshaltung tötet die Freude und ist gleichzeitig ein Ausdruck von Mangel. Bewusst oder unbewusst verknüpfst du die Hoffnung damit, etwas zurückzubekommen. Das ist ähnlich wie in Beziehungen, wo wir entweder niedrigen Selbstwert haben oder unter dem Helfersyndrom leiden und hoffen, dass, wenn wir ganz viel geben, dann Liebe (und im Business das Geld) im gleichen Maß zurückbekommen. Und das funktioniert nicht, denn das ist Ausdruck eines inneren Mangels. Es führt zu Schmerz, zu Frustration und zu Leid.

Und somit ist klar, dass Dienen, und zwar bedingungsloses, absichtsloses Dienen, Fülle bedeutet. Im Business der neuen Zeit geben wir absichtslos, und zwar durch den ganzen Prozess. Ich weiß, das ist nicht immer einfach. Insbesondere dann, wenn du selber zum Beispiel finanzielle Thematiken hast und deine Umsätze nicht ideal sind. Du stehst vielleicht am Anfang deines Business, musst Kredite abbezahlen, hast Schulden, eine Familie zu ernähren. Diese Herausforderungen machen es nötig, dass du in deine innere Meisterschaft gehst, lose Beziehungen zu deinen Klienten aufbaust und absichtslos deine Ziele verfolgst und Programme verkaufst.

Das ist ein völlig neuer Ansatz des Business der neuen Zeit und entspricht meinem Businessansatz.

Warum wird das funktionieren? Diese Methode ist vielleicht zunächst nicht so greifbar.

Ich kann dir eines sagen: Diese Absichtslosigkeit im Business ist eine tiefe, alte, spirituelle Tradition, die auch im Buddhismus verbreitet ist. Diese absichtslose Ziellosigkeit ist eine hohe Kunst. Was sind jetzt die Zutaten für Absichtslosigkeit?

Aus meiner eigenen Erfahrung und auch in der Zusammenarbeit mit meinen Kundinnen, die diese praktizieren, ist eine absolute innere Hingabe an deine Mission und dein Business, an deine innerste Essenz und deine Berufung, die allererste Voraussetzung. Durch diese Hingabe bist du in deiner Freude. Du kannst sagen, es macht dir so viel Spaß und du bist sogar bereit, dafür umsonst zu arbeiten.

In diesem Moment weißt du, dass du deine Berufung tatsächlich lebst. Wenn du fühlst: *Ich würde das genau so machen, wenn ich nicht bezahlt werden würde. Es macht mir einfach so viel Freude.* So wie es mir eine unglaubliche Freude bereitet hat, dieses Buch zu schreiben und es zu veröffentlichen, weil es mir eine reine Freude ist, diese Inhalte, meine Erkenntnisse mit dir zu teilen, um dir dieses Wissen weiterzugeben.

Meine Erfahrung ist, sobald Kundinnen nicht in ihrer Berufung angekommen sind und nicht ihre innerste Essenz leben, gibt es einen Saboteur.

Denn unsere Seele sorgt dafür, dass wir nicht in unserer ganzen Kraft und in unserer ganzen Energie sind, weil wir noch etwas zurückhalten, weil etwas noch nicht ganz stimmt. Das heißt nicht, dass sich dein Business nicht weiterentwickeln kann, nicht neue Facetten annehmen kann. Ganz im Gegenteil. Das passiert ständig und immerfort, weil du dich immer mehr mit deiner innersten Essenz verbindest.

Der zweite wichtige Punkt für deinen absichtslosen Erfolg ist, dass du in ein tiefes Vertrauen in das Leben kommst. Wenn du in die Fülle des Lebens vertraust und unbeirrt glaubst, dann weißt du, dass du es schaffen wirst. Du vertraust, dass alles, was zu dir kommen soll und was du dir wünschst, zur richtigen Zeit in deinem Business erscheint. Das mag manchmal eine gewisse Zeit dauern, geht manchmal aber auch ganz schnell. Wie zum Beispiel bei einer meiner Kundinnen, die innerhalb kürzester Zeit zu einem sechsstelligen Verkauf ihres Programms gekommen ist, weil sie sich diesem Prozess komplett hingegeben hat. Innerhalb kürzester Zeit hatte sie tatsächlich einen großen Schritt in ihrem Business und auch in ihrem Leben gemacht. Sie wusste aber auch, dass bestimmte Bedingungen reif dafür sein müssen, damit dies gelingen kann. Und man kann sagen, dass ihr ganzes Leben eine Vorbereitung auf diesen Moment war. Deshalb konnte sie ihr zukünftiges Business innerhalb kürzester Zeit realisieren. Sie ging komplett in ihren Dienst. Bedingungslos hat sie sich dem Moment hingegeben, ist mit ihren Interessentinnen in einen einmaligen Austausch getreten und hat ein absolut großartiges Ergebnis erzielt.

Wesentlich für das Gelingen war neben modernem OnlineMarketing und bestimmten technischen Voraussetzungen ihr tiefes Vertrauen, dass all das, was jetzt kommt, genau so sein soll, wie es ist. Ich erinnere mich sehr genau an diese Momente. Unsicherheit und Unklarheit herrschte vor. *Sind meine Kunden bereit, sich auf diese Erfahrung einzulassen? Sind sie tatsächlich bereit zu bezahlen? Treten sie nicht im letzten Moment zurück?*

Wenn du in diesem Moment absolut in diesem reinen Vertrauen bist, dann bist du bereit für deinen weiteren Dienst. Dann geschieht das Wunder. Das ist der Moment, in dem du alle Schleusen der Fülle öffnest. Und du weichst keinen Zentimeter von diesem inneren, tiefen Vertrauen. Dann geschieht das große Wunder. Der Schöpfer des Universums nimmt alle Energien ganz genau wahr und sieht, was du wahrhaftig bist.

Denn das Universum antwortet nur auf das, was du bist, und nicht auf das, was du denkst.

Das ist ein ganz wichtiger Unterschied. Das heißt, du kannst das Universum und die energetischen Prozesse nicht austricksen, indem du so tust, als würdest du absichtslos dienen, im Hintergrund warten und dann doch das gewünschte Ergebnis bekommen.

Erinnere dich an denselben Moment mit Pfeil und Bogen: Du musst den Pfeil komplett loslassen und dich vertrauensvoll ganz diesem Prozess hingeben, dass du alle Vorbereitungen in deinem Innersten getroffen hast, damit dieser Pfeil auch sein Ziel ganz genau in der Mitte trifft.

Und wenn dem nicht so sein soll, weil ein Windstoß kommt, dann ist das für dich komplett in Ordnung, und du gibst dich diesem Moment trotzdem absolut hin und bleibst in deinem tiefen Dienst. Das ist der Unterschied zu denjenigen, die dann zu mir kommen und mir mitteilen, was sie alles ausprobiert haben und keine Resonanz erhalten. Das ist ganz klar ein Zeichen, dass du aus einer Erwartungshaltung agiert hast, statt einfach loszulassen. Und weil das genetische Feld alles wahrnimmt, bekommst du eine Antwort auf deine eigene innere Resonanz, die du aussendest.

Und das ist der große Unterschied zwischen Menschen, die sich ganz in den Dienst stellen, die dienen und dann verdienen. Oder von Menschen, die absichtsvoll dienen, die Erwartungshaltungen haben, dass etwas Bestimmtes zurückkommt.

Zusammenfassung

Ich habe dir gezeigt, welches die Grundvoraussetzungen dafür sind, damit du aus deinem tiefen, aussichtslosen Dienst in den Verdienst kommen kannst.

Die erste Voraussetzung ist die Freude am reinen Geben und dich wieder mit deiner innersten Freude zu verbinden. Erinnere dich daran, wir sind alle in reinster Lebenslust und Lebensfreude geboren. Du kannst diese Schritt für Schritt zurückerobern, wenn du sie verloren hast.

Im nächsten Schritt integrierst du diese reine Freude in deinen Prozess: ohne Erwartungshaltung absichtslos verkaufen. Wir sind komplett im Moment und wir warten nicht auf die Gelegenheit, in der wir zum Verkauf kommen können. Im Business der neuen Zeit funktioniert das anders: Indem du ohne Erwartungen komplett loslässt, gewinnst du alles. Das genetische Feld nimmt ganz genau wahr, ob du aus einer losen Haltung dienst und somit verdienst oder ob du nur oberflächlich dienst und im Hintergrund eine ganz klare Erwartungshaltung hast. Denke daran, selbst in diesem Prozess hast du ein Ziel, das du natürlich erreichen möchtest in deinem Business. Dennoch gibst du es komplett auf und lässt es los im Wissen und im tiefsten inneren Vertrauen, dass alles zum richtigen Moment geschieht.

Kapitel 7:

Tools für deinen Erfolg – Relax into your Power

In diesem sehr wichtigen Kapitel möchte ich etwas mit dir teilen, das ich für mich selbst, aber auch für meine Kundinnen festgestellt habe: ein Basiselement für deinen Erfolg zu einem sechs- oder höherstelligen Business (sofern das deinen Wünschen entspricht).

In meinem Programm habe ich nicht umsonst zu Beginn für alle Teilnehmerinnen einen ganz besonderen energetischen Kurs:

Meinen „21 Tage Chakra Healing"-Kurs. In diesen 21 Tagen geht es darum, dass du beginnst, dich mit deinem Inneren zu beschäftigen, mit deiner ureigenen Energie. Entlang des allseits bekannten Chakren-Modells lernst du ganz genau zu spüren, wo du gerade stehst und wie du in den einzelnen Chakren tatsächlich energetisch bestückt bist, also wie du dieses energetische Prinzip des jeweiligen Chakras für dich lebst. Anhand dieses Sieben-Chakren-Modells kannst du tief liegende Dinge in dir erkennen und heilen.

Denn für ein bewusstes Business in der Energie der neuen Zeit ist es wichtig, dass wir unsere ureigenste Energie, die wir sind, auf einer tieferen Ebene verstehen, kennenlernen und uns noch mehr spüren. Und natürlich auch alte, tief liegende Blockaden, Sabotage, Glaubenssätze erkennen und heilen.

Das ist die Basis für mein „Unstoppable Spiritpreneurs Programm", wenn meine Kundinnen zu mir kommen und sich ihr Business aus ihrer innersten Essenz heraus auf- oder ausbauen wollen. Es ist ein sehr kraftvoller Kurs, den schon viele meiner Kundinnen erfolgreich absolviert haben. Diese Kundinnen haben sich selbst auf ein komplett neues Niveau gehoben. Vor allem haben sie verstanden, wie sehr alles miteinander verwoben ist und dass die bisherige Trennung von Leben und Business tatsächlich nicht existiert.

Das heißt, ihr Sein schwingt in ihrem Business mit. Sie geben es nicht an der Tür zu ihrem Arbeitszimmer, zu ihrer Praxis ab oder wenn sie sich an ihren Schreibtisch setzen, sondern es schwingt immer mit in allem, was sie tun, in allem, was sie sind. Dieser „21 Tage Chakraclearing und -healing"-Kurs hilft dabei, auf eine komplett neue Frequenz zu kommen und diese auch zu halten. Als Nebeneffekt erhöhst du deine Energie und festigst sie tatsächlich auch. Manche verändern ihr ganzes Leben oder beenden Dinge, die sie schon lange mit sich herumschleppen, heben ihre Partnerschaft auf ein komplett neues Niveau. Eben weil sie alte Wunden hinter sich gelassen haben.

Im Business wirst du in die nächste Stufe deines Potenzials gehen und damit noch mehr dienen können, noch mehr die Welt mit deinen Gaben bereichern können. Die Auswirkung ist allerdings auch unmittelbar im privaten Leben zu spüren.

Ich habe bei meinen Kundinnen festgestellt, dass, wenn sie diesen Kurs ernsthaft absolviert haben, ihn ständig wiederholen. Sie entspannen sich in ihre ganze Kraft.

Deswegen heißt dieses Kapitel auch: Relax into your Power.

Das ist aus meiner Sicht ein weiterer Schlüssel zum erfolgreichen Business als spiritueller CEO. Denn es steht nirgendwo geschrieben, dass wir in unserem Business mit Schnappatmung herumlaufen müssen, dass wir unter Stress stehen müssen, dass wir wenig Zeit haben müssen und dass wir so viele

Aufgaben haben, so viele Dinge zu erledigen haben, dass wir nicht mehr wissen, wo links oder rechts ist.

Das Gegenteil ist der Fall. Und indem du beginnst, energetische Arbeit zu leisten, bekommst du den Kopf frei für die wesentlichen Dinge in deinem Business. Du bekommst deine Klarheit und eine Zentrierung und du beginnst tatsächlich, die Dinge viel mehr aus einer anderen Perspektive zu sehen. Eben weil du in der Lage bist, stärker mit deiner Intuition, mit deinem höheren Selbst zu kommunizieren. Und dann bist du auch in der Lage, alle sonstigen feinstofflichen, zwischenmenschlichen Zwischenfrequenzen bewusst wahrzunehmen und aufzunehmen.

Alle meine Kundinnen sind hochsensibel, (hoch-)empathisch und noch viel mehr und praktizieren bereits in ihrem Business. Meistens ist das auch ein Bestandteil ihrer Methodik und ihrer Arbeit. Ich habe viele Kundinnen, die mit energetischer Arbeit vertraut sind oder bereits selbst damit arbeiten. Wichtig ist, dass du diesen Transfer tatsächlich leistest und all dieses Wissen auch in dein Business integrierst.

Es ist entscheidend, dass du dieses Tool – ebenso wie alle anderen auch – in deinem Business für dich einsetzt und anwendest. Das fängt an bei vermeintlich völlig unenergetischen Dingen wie Werbung. In deine Werbung fließen nicht nur deine Wörter, deine Bilder oder ggf. deine Videos ein. Nein, es fließt deine Frequenz mit ein. Zum Beispiel bleibst du energetisch mit deiner Werbung verbunden. Das, was du mit deiner Werbung verbindest, ist auch das, was du mit ihr aussendest. Deine Werbung ist ein energetischer Dialog mit deinen Interessentinnen. Diese Form des energetischen Austausches hat eine direkte Auswirkung auf deine Anziehungskraft, deinen Magnetismus. Deswegen ist es umso wichtiger, dass du dich um deine Energie kümmerst. Je mehr du selbst entspannt in deiner Kraft bist, desto größer ist deine Kraft. Ein wichtiges Tool aus meinem Programm habe ich bereits angesprochen. Vielleicht fragst du dich jetzt: *Was kann ich stattdessen noch tun?*

Neben den energetischen Prozessen, die meine Kundinnen im Chakra-Healing für sich selbst durchlaufen können, mit Fragen. Ich stelle, vor allem bevor meine Kundinnen ihre Programme kaufen, Journalingfragen. Diese Fragen öffnen deine energetischen Kanäle. Sie sind so konzipiert, dass du in einen Perspektivenwechsel kommst. Auch in meinen Programmen habe ich eine Fülle an Journalingfragen integriert. Zwei davon möchte ich hier herausgreifen.

Ich möchte dir an diesen Beispielen zeigen, was Journalingfragen auslösen können und wie sie deine Energie und deine Perspektive völlig verändern können, und zwar innerhalb kürzester Zeit. Ich bin immer wieder begeistert, wie schnell sich meine Kundinnen drehen, wie schnell sie verstehen, dass es möglich ist, allein schon aufgrund der inneren veränderten Perspektive und somit auch der inneren veränderten Ausrichtung auf ein komplett neues Level zu kommen.

Und das passiert vor allem durch die Fragetechnik. Ich empfehle meinen Kundinnen, dass sie mit diesen Journalingfragen arbeiten. Meine Kundinnen schreiben diese Frage auf und treten sodann mit dieser Frage in Kommunikation. Sie werden sich somit klar darüber werden, was sie sonst noch denken, wenn sie alle Glaubenssätze, Blockaden und Sabotage weglassen. Was könnte so eine klassische Journalingfrage sein?

Sie verändert deine Perspektive und deine Energie.

Eine dieser Fragen ist:

Welcher Preis möchte mein Programm sein, damit es das maximale Ergebnis für meine Kundinnen bringt?

Ich empfehle dir, ganz genau über diese Journalingfrage zu meditieren, dir ein Buch zuzulegen und zu beginnen, Journalingfragen zu beantworten. Was passiert in diesem Prozess? Zum einen löst du dich natürlich von deiner inneren Perspektive und vor allem von deinem bisherigen Bezugsrahmen, von deiner bisherigen Komfortzone. Du löst dich sozusagen aus deinem subjektiven Ich heraus und nimmst eine komplett neue Perspektive ein.

Denn wenn du nicht dich fragst *Ja, was könnte ich denn da verlangen? Welchen Preis sind meine Kunden überhaupt dafür bereit zu bezahlen?*, dann wirst du einen Preis finden, den du tatsächlich energetisch halten kannst und der in deinen Bezugsrahmen und in deine Komfortzone passt.

Wenn du stattdessen die Frage stellst *Welcher Preis möchte mein Programm sein, damit es das maximale Ergebnis für meine Kundinnen bringt?*, dann kalibrierst du den Preis des Programms basierend auf dem Nutzen für deine Kunden. Du löst es komplett von dir ab und kannst die richtige Antwort aus einer Außenperspektive wahrnehmen.

Du kannst sehen, wie Investment und Ergebnis für deine Kunden im Verhältnis stehen, welchen Wert dieses Programm für deine Kunden haben wird und welcher Preis dafür angemessen ist.

Je nachdem, aus welcher Tradition, aus welchen familiären und kulturellen Umständen du kommst und welche Erfahrungen du aus deinem Elternhaus mitgebracht hast, wirst du dazu neigen, das, was du bisher als Bestätigung erfahren hast und was deine Welt als Bestätigung anderen gegeben hat, als Grundlage zu nehmen.

Du wirst die Neigung haben, einen Preis zu definieren, der ganz genau dort hineinpasst. Und ich stelle oft fest, dass meine Kundinnen (inklusive mir selbst) dazu neigen, ihre Preise anzupassen, damit sie unter allen Umständen in ihrem bisherigen Bezugsrahmen bleiben können. Warum ist das so?

Es hat natürlich vielfache Gründe, warum wir in dem Bezugsrahmen bleiben wollen, in dem wir bisher waren. Das kann dein kultureller Hintergrund sein, deine Ahnenlinie. Das kann sehr weit zurückreichen. Wir möchten unbewusst dazu gehören. Wenn unsere Ahnenlinie zum Beispiel sehr arm war oder sie immer alles verloren hat, möchten wir zu diesem System dazu gehören. Wir suchen nach dieser Bestätigung.

Je nachdem, welche Glaubenssätze wir übernommen haben, versuchen wir natürlich auch, diese zu bestätigen. Es ist einfacher und bequemer, weniger Komfort in seinem Leben zu haben, als tatsächlich aus diesen kulturellen Traditionen und Glaubenssätzen auszubrechen und diese zu hinterfragen und vor allem mit Kraft deines Bewusstseins dein Unterbewusstsein auf etwas Neues hin zu trainieren. Denn es ist etwas, was über einen längeren Zeitraum ganz bewusst wiederholt, ganz bewusst wahrgenommen und ganz bewusst reflektiert werden darf, und zwar immer wieder auf einer neuen Ebene.

Es gibt diesen schönen Spruch „New level, old devil" und genau das findet immer wieder statt. Du kommst auf ein neues Level in deinem Business. Und dann holen dich deine alten Unzulänglichkeiten, deine alten Ängste wieder ein. Journalingfragen sind wunderbar dazu geeignet, dieses zu reflektieren und immer wieder in deine Aufmerksamkeit zu bringen und bewusst mit ihnen umzugehen.

Ich möchte an dieser Stelle noch eine zweite Journalingfrage herausgreifen, die ich einfach immer wieder wunderbar finde:

Warum bin ich so erfolgreich?

Das ist für mich eine sehr magische Frage, denn wir sind es auch hier insbesondere kulturell gewohnt, dass wir uns insbesondere als Frauen, tendenziell nicht als erfolgreich wahrnehmen.

Häufig beobachte ich das in meinen Programmen, vor allem bei Einsteigerinnen, die noch nicht lange selbstständig sind. Wenn sie etwas Neues begonnen haben, stellen sie es fast entschuldigend vor. *Ja, ich weiß, das ist noch nicht so gut, und ich weiß, das ist nicht so toll.*

Die Tendenz ist da, sich erst mal klein zu machen und sich als erfolglos darzustellen. Das ist etwas, was du als bewusste Unternehmerin, vor allem wenn du wirklich hohe Ziele hast, wenn du ambitioniert bist, ad acta legen darfst und musst. Besonders als Frauen tendieren wir eher dazu, in unserer Kohorte zu bleiben. Die Kohorte der Frauen ist traditionell angepasst, flexibel. Sie dienen anderen und verrichten die Arbeit. Und diese Kohorte ist nicht so angesehen. Wenn wir dann aufsteigen, dann ist der Preis häufig, kinderlos zu bleiben oder Männern ähnlich werden zu müssen. Und das ist eine Option, die viele Frauen sich nicht wünschen, selbstverständlicherweise. Diese Frauen sehen häufig einzig und allein die Möglichkeit in ihrem alten Rahmen zu bleiben. Ich möchte mit diesem Buch einen neuen Rahmen für Frauen und Männer bieten, sodass wir aus diesen Kategorien aussteigen können. Dass Frauen Frauen bleiben und Männer Männer und beide Geschlechter natürlich das andere Geschlecht in sich haben und diese in Balance halten können.

Am Anfang dieses Kapitels habe ich von Relax into your Power gesprochen. Das ist genau das, was dich auf das nächste Level bringen wird. Wenn du dir also die Frage stellst *Warum bin ich so erfolgreich?,* dann leg ruhig für einen

Moment dieses Buch weg. Schreibe deine Gedanken in ein Begleitbuch nieder, während du dieses Buch liest. Denn es gibt immer wieder Übungen für dich, die du anwenden und nachlesen kannst.

Ich möchte dich einladen, dass du jetzt zwei DIN-A4-Seiten schreibst, warum du so erfolgreich bist. Und wenn du nach zwei Seiten immer noch unsicher bist, dann schreibe weiter oder wiederhole es so oft, bis du fühlst, dass du die Erlaubnis hast, deinen eigenen Erfolg wahrzunehmen. Wir blenden unseren Erfolg gerne aus und nehmen Dinge, in denen wir so selbstverständlich gut sind, nicht gut wahr.

Solche Dinge sind zum Beispiel Hellsichtigkeit, hochfühlend, empathisch oder hochsensibel zu sein. Wir nehmen zu selten wahr, was uns besonders und erfolgreich macht.

Wenn du auch einer dieser Menschen bist, dann schreibe jetzt zwei Seiten darüber. *Warum bin ich so erfolgreich?*

Ich kann dir versichern, es wird etwas mit dir passieren, das, was ich zu Beginn als „in deine volle Kraft hinein entspannen" benannt habe. Kraft und Entspannung sind nicht immer unbedingt das, was zeitgleich miteinander genannt wird. Sieh, dass du wirklich in deine ganze Kraft kommst, wenn du dich dort hinein entspannst.
Es gibt eine direkte Verbindung zum Solarplexus, dem dritten Chakra. Das ist unterhalb des Zwerchfells und oberhalb des Nabels. Hier befindet sich der Solarplexus, dein sogenanntes Power-Zentrum, und von dort gehst du mit deiner ganzen Kraft in die Welt hinaus. Viele Menschen haben ein schwaches Power-Zentrum oder sind dort sehr angespannt.

Es geht darum, dass du Geld und Erfolg, und das gilt für die Frauen noch mehr als für die Männer, aus deinem Solarplexus bzw. noch eine Ebene tiefer aus deinem weiblichen Power-Zentrum, deinem Schoßraum, begründest. Beantworte die Frage als Frau also aus deinem Schoßraum, atme tief hinein und frage: Warum bin ich so erfolgreich?

Hier finden auch ein Perspektiv- und ein energetischer Wechsel in dir statt. Wie weggewischt sind alle negativen Dinge, die mit Erfolg bzw. Nichterfolg zu tun haben. Es geht in eine offene Frage, in die Expansion und das ist der ganz große Unterschied, der hier stattfindet.

Wenn du dich fragst: *Bin ich auf dem richtigen Weg? Und wie kann mir die Energie dabei helfen?*, dann kann ich dir diesen einen Tipp geben:

Wenn du dich in die Frage über deinen Erfolg hineinbegibst, dann kommst du in die Expansion, du bist offen. Du kommst in den Ort und den Raum der Möglichkeiten, in den Raum der Unendlichkeit. Den Raum der Fantasie, der Kreativität, der Innovation. Und alles wird weit und öffnet sich und du beginnst, dich zu entspannen, und zwar sowohl körperlich als auch energetisch.

Dein Solarplexus entspannt sich und dein Power-Zentrum ebenso.

Du kannst bei der Übung „*Warum bin ich so erfolgreich?*" zusätzlich noch tief in deinen Uterus sowie in deinen Solarplexus und auch in dein Wurzelchakra atmen. Frage dich: *Warum bin ich so erfolgreich?* Du wirst sehen.

Es macht dir unglaublich Spaß, diese Frage zu beantworten und dich gleichzeitig in deine Power hinein zu entspannen. Du wirst den Vorgang zu genießen, wenn Energie in dir ansteigt, wenn deine Schwingung sich erhöht und alles viel leichter wird, wenn die Energie freudvoll expandiert und sich öffnet und vergrößert.

Das ist die Macht der positiven Energie.

Es gibt natürlich auch einen Umkehrschluss. Das möchte ich zumindest kurz angesprochen haben. Umgekehrt können sich deine Schwingungen auch zusammenziehen, deine Schwingungen verringern sich. Das kannst du körperlich sehr gut selbst wahrnehmen. Deswegen ist es so wichtig, dass du ganz aufmerksam bist mit dir und deinem Business.

Und wenn es sich zusammenzieht? *Ich kann das nicht so gut. Ich habe Angst. Es hat schon wieder nicht so geklappt.* Bei solchen inneren Sätzen zieht sich die Energie zusammen oder sie geht nach unten. Sie wird klein, sie schrumpft, sie wird dunkel. Das passiert, wenn energetische Prozesse stattfinden, die alles zusammenziehen lassen und dich natürlich nicht unterstützen.

Weder in deinem Erfolg noch darin, entspannt in deiner ganzen Kraft zu sein.

Ja, drehen wir das um und fragen uns: *Warum gelingt mir immer alles? Warum geht es mir so gut? Warum bin ich so erfolgreich? Warum lieben mich meine Kundinnen so sehr? Warum gelingt es mir leicht, Ideen zu haben für mein Business? Warum gelingt es mir so leicht, mein Business auf das nächste Level zu heben?* All das sind Fragen, die dir den Raum der Möglichkeiten eröffnen. Sie bieten Raum für Expansion und Wachstum.

Das nächste Tool, das ich ansprechen möchte, kann dich ebenfalls in deinem Prozess unterstützen und in deine Kraft bringen. Dieses Tool ist die Meditation bzw. das bewusste Atmen.

Ich habe es bereits angesprochen, wie wichtig es ist, dass du tief in deinen Bauch hineinatmest, dass deine Atmung aus deinem Schoßraum kommt. Das wird dir helfen, dich nicht nur zu entspannen, sondern auch durch regelmäßiges Praktizieren Ruhe in deinen Alltag zu bringen. Du musst dafür keine Morgen- oder Abendroutine entwickeln. Das habe ich auch nicht. Aber ich atme bewusst.

Ich atme bewusst in meinen Traum ganz tief und bin in meinem Gewahrsein. Ich nehme ganz bewusst wahr, wie ich mich fühle, wie es mir mit bestimmten Dingen geht.

Und ich nutze auch bewusste Atemtechniken aus dem Pranayama, um mich zu entspannen. Das musst du aber gar nicht tun. Es genügt aus meiner Sicht für den Beginn völlig, wenn du dich täglich für ein bis drei Minuten zwischendurch hinsetzt und dich bewusst wahrnimmst.

Wenn du diese Technik für dich anwendest und sie regelmäßig übst (mehrmals täglich) wird es zu einer Gewohnheit wie Zähne putzen. Genau das braucht dein Unterbewusstsein. Es braucht Wiederholungen, damit es dieses Programm einfach laufen lassen kann.

Entspannung gleich Erfolg?

Bewusstes Atmen hat viele positive Nebeneffekte: Dein Blutdruck wird gesenkt, du wirst eine höhere Aufmerksamkeit für deine psychischen Prozesse erreichen, du wirst dich besser selbst wahrnehmen, du verbindest dich mehr mit deiner Intuition, vertraust deinem Bauchgefühl mehr. Das wiederum kannst du ganz gezielt und bewusst in deinem Business einsetzen, indem du wahrnimmst, was in deinem Business passiert. Du bist nicht auf andere angewiesen, um dir zu vermeintlicher Klarheit zu verhelfen und dir zu sagen, was du tun oder fühlen sollst.

Das ist der erste wichtige Nebeneffekt: Du kommst in ein höheres Gewahrsein und kannst deine Intuition besser wahrnehmen. Du kommst insgesamt in eine gesteigerte Klarheit in deinem Business. Das wirkt sich direkt auf deine Präsenz bei deinen Interessentinnen und Kundinnen und selbstverständlich auf die Qualität deiner Arbeit aus.

Und es wirkt sich auf deine Ergebnisse aus. Durch Entspannung bist du mehr in deiner Kraft und kannst du in kürzerer Zeit mehr für dich erreichen.

Das ist der absolut positive Nebeneffekt von Meditationen im Allgemeinen und von bewusstem Atmen.

Ich möchte dir an dieser Stelle noch weitere Meditationen vorstellen, die ich in meinen Programmen zusätzlich anwende. Ich habe dir eingangs von meinem „21 Tage Chakra"-Kurs erzählt. Zusätzlich habe ich noch weitere wunderbare Anleitungen in meinem Programm. Neben Meditationen, Fantasiereisen, geführten Visualisierungen deines Programmes, Verkaufserfolg, deinem Businesserfolg arbeite ich auch mit sogenannten Silent Subliminals.

Das sind Sprachaufnahmen, die mit Musik hinterlegt werden können, du hörst jedoch meine Stimme nicht. Ich sage meinen Kundinnen selbstverständlich ganz genau, was ich sage, damit sie wissen, worum es geht und damit sie sich auch ganz hinein entspannen können. Diese Subliminals wirken direkt auf dein Unterbewusstsein und sollen regelmäßig angehört werden.

Wenn du diese morgens, vielleicht auch noch abends hörst, wird nach einer gewissen Zeit dein Unterbewusstsein neu programmiert. Es führt ganz genau diesen Plan aus, den du programmiert hast. Wenn du dich also beispielsweise auf entspannten Erfolg programmierst oder auf den Verkauf von hochpreisigen Programmen, dann wird dein Unterbewusstsein diesen Plan ausführen und alles dafür tun, damit er tatsächlich gelingt. Es ist möglich, mit diesen Methoden, die ich dir jetzt vorgestellt habe, alte Programme komplett zu löschen und dein Unterbewusstsein neu zu bespielen mit dem Gewünschten, was du in deinem Leben erreichen möchtest. Es gibt noch weitere Meditationen, die ich einsetze wie Binaurale Beats, die mit dem Kopfhörer angehört werden müssen, weil diese neue Gehirnverbindungen anregen.

Wenn du zum Beispiel jemand bist, der bis dato Schwierigkeiten hatte, sich vorzustellen, dass es auch für dich möglich ist, finanziell frei, unabhängig und in Fülle zu leben, dann können dir diese Beats, Meditationen und auch Subliminals dabei helfen, dass du deine inneren Glaubenssätze komplett löschst und mit für dich sinnvollen, freudvollen Glaubenssätzen ersetzt und dein Unterbewusstsein neu programmierst.

Wichtig ist, dass du all diese Dinge, die ich dir in diesem Kapitel vorgestellt habe, regelmäßig anwendest. Das ist Training und hört nie auf, ähnlich wie im Hochleistungssport. Dieses Training sollte aus meiner Sicht den größten Teil deiner Arbeit einnehmen. Ich lehre und zeige in meinen Programmen, dass deine innere Energie, deine innere Ausrichtung und dein inneres Bewusstsein die Schlüssel für deinen Erfolg sind.

Auch wenn wir uns im Bereich des Online-Marketings bewegen, ist es eben nicht der beste Funnel, der entscheidet, oder die beste Werbung oder die beste Marketingstrategie.

Deine Schwingung und deine Energie entscheiden. Dein Herz entscheidet.

Die zwei Tools, die ich dir jetzt in diesem Kapitel vorgestellt habe, helfen dir, damit du dich in deine Power hinein entspannst und so gelassen in das nächste Level kommst. Das wünsche ich dir von Herzen.

Zusammenfassung

In diesem Kapitel hast du zwei wichtige Tools kennengelernt, um in deinen Erfolg und in deine ganze Power hinein zu entspannen.
Das erste mächtige Tool kommt aus der Energetik. Es handelt sich um das Tool Journalingfragen und ich habe dir hierfür mögliche Fragen aufgezeigt. Bitte beantworte diese Journalingfragen, die du in diesem Kapitel vorgefunden hast.

Das zweite Tool ist die Meditation in verschiedenen Ausprägungen. Das Mindeste, was du tagtäglich tun kannst, ist das bewusste Atmen tief in deinen Schoßraum hinein. Vermeide eine flache Atmung und nimm dir mehrfach am Tag Zeit, dich hinzusetzen. Das kannst du zum Beispiel auch im Auto tun. Kurz bevor du den Gurt anlegst, hältst du inne und atmest für drei Minuten. Denke nicht an dein Handy. Denke nicht an deine Kundinnen. Denke nicht an deine Kinder, deine Familie, deinen Partner. Nimm dich selbst wahr in deinem ganzen Sein. Deine ganze Präsenz und Atmung sind für drei Minuten alles, womit du dich beschäftigst. Dann kannst du losfahren.
Wenn du bereits fortgeschritten bist, kannst du diese Übung mehrfach wiederholen. Den ganzen Tag über. Das wird deine Kraft, deine Power und auch deinen Magnetismus deinen Interessentinnen und Kundinnen gegenüber enorm stärken. Weitere Techniken sind Subliminals, mit denen dein Unterbewusstsein neu programmiert wird, und Binaurale Beats, die dir helfen, dass deine neuronalen Verbindungen neu geschaltet werden.

Kapitel 8:

Energetisches Marketing – oder wie du aus Stroh Gold spinnst

Einführung in die Alchemie im Business

Wir haben in den letzten Kapiteln die Grundlagen für dein erfolgreiches, energetisches Marketing gelegt. Du hast aus deiner innersten Essenz dein Business kreiert. Du gehst jetzt aus deinem zukünftigen Ich heraus und du hast weitere Tools kennengelernt, die es dir ermöglichen mit Achtsamkeit und Spiritualität in deinem Business zu arbeiten. Diese Qualitäten waren schon vorher da, sie waren dir nur vielleicht noch nicht bewusst. Genauso verhält es sich auch mit energetischem Marketing.

Energetisches Marketing ist eine Kombination aus (Marketing-)Tools – aber es ist vor allem deine eigene Energie, die dich zu einer Marke werden lässt.

Was Unternehmen mit attraktiven Produkten und Technologie versuchen zu tun, kannst du durch deine Energie schaffen. Gelernt habe ich Marketing in einem meiner vorherigen Jobs als Angestellte. Ich war in einem sehr großen, internationalen Konzern beschäftigt und dort wurde das sogenannte emotionale und energetische Aufladen eines Produktes als Marke praktiziert. Genau das brauchst du definitiv nicht tun. Denn du hast etwas, was dich automatisch zur Marke werden lässt. Das ist es, was dich auch herausragen lässt. Genau da machst du den Unterschied. Das sind natürlich auch deine Programme und Produkte. Aber das bist vor allem du.

Deine Energie ist es, die dich zur Marke werden lässt.

Lass uns ein ganz konkretes Beispiel anschauen, wenn du dich fragst: *Wie kann ich denn zu einer Marke werden? Muss ich jetzt meine Eigenschaften aufzählen? Muss ich jetzt herausarbeiten, was mich als Expertin erscheinen lässt, was mich so besonders macht?* Nein, das ist es nicht. Es ist das Bewusstsein um deine Energie, das Bewusstsein, dass du lange, bevor du mit deinen Interessenten und Kunden in Berührung kommst, bereits energetisches Marketing praktiziert hast.

Dieser Prozess ist reine Alchemie oder anders gesagt: Hier spinnst du aus Stroh Gold.

Bereits lange bevor du mit deinen Interessentinnen physisch in Kontakt bist (auf einer Veranstaltung oder online, ganz egal), trittst du bereits energetisch mit ihnen in Verbindung. Ganz egal ob du Postings oder Videos veröffentlichst, ob du Podcasts einsprichst oder auf Veranstaltungen auftrittst. Bereits bevor du veröffentlichst, sendest du Frequenzbänder deiner Energie aus. Wir sind alle über das energetische Feld miteinander verbunden. Nur weil wir das nicht immer spüren oder manchmal unsere Aufmerksamkeit nicht darauf lenken, heißt das nicht, dass diese Verbindung nicht da ist.

Du kennst vielleicht das Eisbergmodell, bei dem nur die Spitze sichtbar ist, es darunter aber einen Bereich gibt, der für das bloße Auge unsichtbar ist. Einen solchen Bereich gibt es auch im Marketing. Dieser unsichtbare Bereich ist fühlbar. Etwa 80 Prozent liegen unter der Oberfläche. Die restlichen 20 Prozent sind Marketingtools. Vielleicht sind es sogar auch noch weniger, die dann im Außen sichtbar sind, wo du all deine Energie, all dein Sein, deine ganze Frequenz in deine äußeren Aktivitäten sendest.

Ich wage mal die These, dass wir immer mehr verstehen, dass wir gar nicht so viele Tools nach außen benötigen, um zu kreieren und zu einem Magneten für Interessentinnen und Kundinnen zu werden.

Es sind in der Tat unsere Energie, unser Herzensmagnet, unsere Herzfrequenz, unser Sein, unser Bewusstsein und unsere ausgebildeten höheren Aspekte, die unsere Interessentinnen anzieht. Das kannst du ganz klar heute schon einsetzen, indem du in dein Gewahrsein und dein ganzes Bewusstsein gehst und verstehst, dass du eine mächtige Kreateurin hier im Universum bist, allein schon durch deine Frequenz und durch deine Energie.

Lass uns mal ein Beispiel anschauen: Wie siehst du, wie Energie wirkt? Stell dir vor, wir gehen gemeinsam in eine Veranstaltung. Da sind viele Menschen, lass es 30 sein. Du kannst dir auch mehr vorstellen, wenn du das möchtest. Du kommst in diesen Raum hinein und du wirst feststellen: Es gibt jetzt wesentlich mehr und andere Aspekte, die wirken. Da ist zum einen deine eigene Energie, deine Psyche und das, was du in dem Moment fühlst, wenn du hineingehst. Bist du aufgeregt? Bist du positiv gestimmt und fragst dich, welche tollen Menschen du gleich kennenlernen wirst? Bist du offen oder bist du voller ängstlicher Erwartung und hast die Hoffnung, dass du dort in diesem Raum vielleicht deine Kunden triffst oder den Mann oder die Frau deines Lebens?

Bereits in diesem Moment beginnst du, eine bestimmte Energie auszusenden.

Dann gibt es vor allem Gefühle, die du nur halb bewusst wahrnimmst. Das sind Dinge wie: Was glaubst du über dich? Was glaubst du über deine Wirkungskraft? Was glaubst du über deine äußere Attraktivität, über deine innere Aktivität? Wie wohl fühlst du dich mit anderen Menschen?

Die nächste Stufe wirkt wieder eine Ebene tiefer, jenseits der halb bewussten Gedanken und Gefühlen, tief in deinem Unterbewusstsein. Das sind deine Glaubenssätze, deine sonstigen Sabotageakte, die alle in deinem Feld wirken.

Sie sind alle in deinem energetischen Feld abgespeichert. Gefühle können sich genauso im Körper ablagern. Ein Beispiel: Was passiert, wenn wir unsere Gefühle auflösen, unsere Blockaden abbauen? Wir nehmen plötzlich ab, weil wir loslassen können.

Was passiert, wenn wir Glaubenssätze in unserem Körper gespeichert haben, in unserer Muskulatur, in den Faszien, im Fettgewebe? Einerseits gibt es natürlich unsere Aura, unser energetisches Feld. Stell es dir wie eine Hülle vor, die dich umgibt. Darin gibt es verschiedene Unterteilungen, auf die ich hier nicht weiter eingehen werde. Stattdessen möchte ich dein Bewusstsein dafür schärfen, dass deine Gedanken und Gefühle in deiner Aura abgespeichert sind. Wenn du dafür trainiert bist (durch Aufmerksamkeitsübungen, durch Meditation, durch die Aktivierung deines Herzens und deines dritten Auges), kannst du im Raum spüren, was da ist und wer da ist. Überleg mal, ob du diese Situation kennst. Mir selbst ist das mehrfach im Leben passiert, dass ich eine ganze Ecke von jemandem entfernt war, aber die andere Person ganz genau gespürt habe. Da ist etwas passiert. Wenn du ganz klar aufgeladen bist und dein Bewusstsein trainiert hast, hast du Klarheit darüber, dass du selbst Frequenzsender und -empfänger bist. Diese Vorstellung bereitet dir vielleicht Sorgen: *Nehme ich dann nicht viele Energien von anderen auf? Wie kann ich mich da schützen?*

Diese Frage ist wichtig. Das kann ich dir sagen, weil ich selbst wirklich hochsensibel bin. Ich bin sehr empathisch und ich nehme sehr stark die Energien und Gefühle von anderen Menschen auf, so als ob sie meine eigenen wären.

Daraus habe ich gelernt. Zum einen ist es wichtig, dir bewusst zu machen, welche deine eigenen Gefühle sind, deine nicht aufgelösten Blockaden. Dadurch, dass ich meine Gefühle von den Gefühlen anderer zu unterscheiden gelernt habe, habe ich eine eigene Entscheidungsfähigkeit erlangt. Stell dir also nochmals die Situation vor, in der du mit vielen Menschen in einem Raum bist. Du spürst die Energie, du spürst die Stimmung, die Gefühle und die Schwingungen, die im Raum sind. Und du nimmst auch die anderen Menschen wahr. Du kommst den Menschen näher und du spürst ihre Energie, ohne zu sprechen. Von selbst entscheidest du dich, neben wem du sitzen möchtest. Du entscheidest, wer eine Energie aussendet, die du erleben möchtest. Damit du gut wählen kannst, ist es wichtig, dass du diese Klarheit und dieses Gewahrsein hast und dass du diesen Prozess trainieren kannst. Das haben wir in den vorhergehenden Kapiteln bereits besprochen. Das Spüren von anderen und dass du gespürt wirst. Das ist die Grundlage von energetischem Marketing. Wenn du an das Eisbergmodell zurückdenkst, sind 80 Prozent unter der Oberfläche und nicht direkt sichtbar. Das ist die Energie – nicht sichtbar, aber enorm wirksam.

Genau deshalb gibt es diese wunderbaren Modelle, dass du zum Beispiel bereits, lange bevor Interessenten zu dir kommen, Kontakt mit diesen aufnehmen kannst, und zwar durch Energie. Du kannst deine Energie in jedem Schritt, den du tust, im Lebenszyklus von Interessentin zur Kundin einfließen lassen. Was bedeutet das im Einzelnen? Es gibt mittlerweile auch in der Werbebranche Werbetreibende, die um die Macht des energetischen Marketings wissen und die es in ihre Strategie mit einfließen lassen. Zum Beispiel, indem sie dich einladen, dass du nach deiner Intuition gehst und spürst, was der richtige Zugang ist. Was ist der richtige Kanal für mein Marketing? Statt nur sogenannte Hard-Facts-Tools zu berücksichtigen, nutzt du deine Intuition, dein höheres Selbst und auch das energetische Feld. Ich bin dafür, auch Marketing ganzheitlich zu betrachten. Das heißt, sowohl den energetischen Aspekt des Marketings zu betrachten als auch die Tools. Oftmals fokussieren wir uns auf die sogenannten äußeren Tools. Die sind natürlich auch wichtig, denn wir sind hier in der 3-D-Materie, in der greifbaren Materie. Und deswegen sollen, dürfen und wollen wir Dinge auch physisch manifestiert sehen. Das ist wichtig, aber der Prozess beginnt lange vorher. Ähnlich wie wir es bei deiner innersten Essenz zu Beginn des Buches gemacht haben, gehen wir jetzt mit dem energetischen Marketing vor.

Es beginnt also tief aus deiner innersten Essenz, aus deiner Mitte heraus. Jetzt verstehst du vielleicht immer mehr, warum es so wichtig ist, aus der innersten Essenz heraus zu kreieren. Denn das ist deine Energie, deine Frequenz. Es ist wichtig, dass du diesen Kanal klärst, und zwar Schritt für Schritt. Das ist ein Lernprozess, der da stattfindet. Einige Tools habe ich dir bereits in den vorherigen Kapiteln und insbesondere in Kapitel 7 gezeigt.

Deine Energie spiegelt sich in jedem Schritt wider.

Was bedeutet das ganz konkret?

Zuallererst zählt deine innere Ausrichtung.
Wie sind deine Gefühle deinen sogenannten Traumkundinnen gegenüber?
Gehst du bewusst vor?
Verbindest du dich mit ihnen?
Spürst du, dass sie bereits da sind?
Denn das sind sie ja. Sie müssen nicht erst geboren werden, sie sind irgendwo da draußen.

Das Einzige, was du vielleicht bis dato noch nicht gemacht hast, ist, dich energetisch richtig auszurichten und deinen Fokus darauf zu lenken.
Hier kommen dann wieder Glaubenssätze ins Spiel.

Vielleicht glaubst du:

- *Wer mag das schon kaufen?*
- *Gibt es da überhaupt genug Potenzial?*
- *Wer kauft schon in der Krise?*
- *Bin ich wirklich gut genug?*
- *Sind die Menschen dafür bereit, dieses Produkt zu kaufen?*

Es gibt ganz viele Gründe, die einen guten Kontakt zu deinem Traumkunden blockieren. Das ist wie eine Mauer oder wie ein Schleier. Aus deinem zukünftigen Ich heraus zu agieren, hilft dir dabei, diese Mauer oder diesen Schleier beiseitezuräumen. Das heißt, du fühlst heute schon so, als ob es bereits vollbracht ist, und fühlst dich in diese Situation hinein. Das ist deine wichtigste Aufgabe und sie bedarf regelmäßiger Übung. Deswegen lege ich dir an mehreren Stellen nahe, täglich zu üben. Wenn du all diese Prozesse durchlaufen hast, geht es nämlich darum: Wie kann ich meine Frequenz nach außen manifestieren und zeigen?

Wenn du in die Sichtbarkeit gehst, wenn du Videos machst, wenn du auf Veranstaltungen sprichst oder dich zeigst – auch dann wirkt deine Energie. Und je persönlicher du wirst, desto mehr hast du die Chance, deine Wirkungskraft zu zeigen, und desto mehr bist du natürlich auch gefordert.

Es ist absolut lernbar, deine Energie fließen zu lassen. Auch ich bin diesen Prozess wirklich durchgegangen und habe Schritt für Schritt gelernt, nicht nur meine Wirkungskraft zu erhöhen. 2016, als mein Wissen noch in den Kinderschuhen steckte, hatte ich keine zahlenden Kunden. Deshalb habe ich eines getan: Ich habe geübt und geübt und geübt. Ich habe angefangen, mein Business immer weiter zu konkretisieren. Mir war nicht ganz klar: *Was ist es ganz genau, was ich in die Welt tragen möchte?* Ich wusste, ich möchte innere und äußere Freiheit für mich kreieren. Und ich möchte meinen Kundinnen den Weg ins Licht zeigen. Aber ich hatte ein großes Hemmnis, denn ich hatte mehrere Blockaden und Glaubenssätze.

Und ich hatte nicht die Sicherheit, dass ich mit meiner eigenen Energie tatsächlich Menschen erreichen kann, dass ich in dem Falle gut genug bin. Ich hatte große Schwierigkeiten, mich sichtbar zu machen mit Videos. Bereits damals war mir klar, dass das ein wichtiger Schlüssel sein würde. In diesem Jahr habe ich deshalb mit einem Live-Webinar begonnen. Dafür habe ich fast ein Jahr geübt – bis ich so viel trainiert hatte, dass ich eine hohe energetische Präsenz in meinen Auftritten erreicht hatte. Vielleicht hast du selbst ein anderes Thema.

Gott sei Dank hat sich die Energiefrequenz insbesondere seit einigen Jahren massiv erhöht. Und wir sind gefordert, noch mehr in unsere Echtheit und noch mehr in unser Gewahrsein hineinzugehen und unsere Energie immer mehr und wahrhaftig im Außen zu leben. Genau das hat mich auch in der weiteren Entwicklung meines Business unterstützt.

Natürlich ist das nicht der einzige Grund, warum ich sage, dass JETZT der Durchbruch für energetisches Marketing ist. Das gibt es natürlich schon viel länger. Das ganze Konzept ist natürlich nichts Neues. Worum es eigentlich geht: Wie sehr sind wir uns dessen bewusst? Und setzen wir es als bewusstes Tool ein?

Das hat nichts mit Manipulation zu tun. Es geht darum, dass du dir selbst deiner Wirkungskraft als Frequenzträgerin bewusst bist. Ich möchte dich dazu einladen, denn die wesentlichen Dinge sind für das Auge unsichtbar. „Man sieht nur mit dem Herzen gut." Dieses Zitat kennst du mit Sicherheit aus „Der kleine Prinz". Letztendlich ist das ebenfalls der Kern dieses Buches. Ich möchte dich dazu ermutigen und ermuntern. Es gibt noch einen weiteren Grund: Ich bin zutiefst davon überzeugt, dass ein energetisches

Marketing ohne Ethik und ohne Werte nicht funktioniert. Hier geht es um Echtheit, um Klarheit und um Stilsicherheit. Diese Alchemie ist ein Bewusstwerdungsprozess. Alles ist Energie. Und sie ist erst mal neutral. Es obliegt uns, was wir daraus machen. Und wenn du die Absicht hast, aus Stroh Gold zu spinnen, dann heißt es letztendlich, dass das ein bewusster Prozess ist. Dieser Schatz liegt bereits in dir selbst. Ein weiteres Buch, das ich dir sehr ans Herz legen möchte, ist *Der Alchimist* von Paulo Coelho. Darin wird genau das beschrieben.

Wir sind der Schatz. Dieser innerste Schatz ist bereits in uns und genau darum geht es.

Das ist das, was ich dir vermitteln möchte. Ich möchte dich einladen, auf dein Inneres zu lauschen, in diesen Bewusstwerdungsprozess zu gehen, dir klar zu werden, dass dein Inneres, deine Frequenz, auch deine innerste Essenz ist. Und genau damit berührst du Menschen. Je bewusster du bist, je klarer du bist, desto größer wird deine Kraft. Es ist nur eine Verlagerung der Aufmerksamkeit. Manche Menschen nennen das Charisma. Charisma hat etwas mit Bewusstsein zu tun. Mir geht es nicht um Charisma zur Manipulation. Es ist eine Möglichkeit. Und es ist eine eher niedrig schwingende Möglichkeit. Natürlich gibt es auch unter Hochfrequenten Charisma. Menschen, die den Bewusstwerdungsprozess durchlaufen haben, haben es. Nimm Jesus oder Gandhi als Beispiel.

Diese Menschen waren sich ihrer selbst , ihres inneren Seins bewusst, und sie waren. Gleichzeitig möchte ich auch im späteren Kapitel darauf eingehen, was ein spiritueller CEO ist und was ihn ausmacht.

Diese hochfrequenten, charismatischen Persönlichkeiten waren allesamt dienende Führungspersonen. Es ist wichtig, dass du die 80 Prozent des Eisberges bist, die verborgen liegen. Das ist das, was du bist, deine Energie, deine

Gefühle, deine Gedanken, deine Emotionen, deine Sorgen, deine Ängste, deine frohen Erwartungen, deine innere Freude, dein inneres Frausein, dein Gefühl der Fülle, dein Vertrauen, deine innere Sicherheit.

Das ist das, was wirkt, und wenn du dir dessen gewahr bist, dann hast du diesen alchemistischen Prozess bereits begonnen und fängst an, Stroh zu Gold zu machen. Der Rest, die 20 Prozent, sind dann die manifestierten Dinge im Außen. Ob dies Farben sind, ob es deine Schrift ist, ob das Texte sind, ob es dein Blog ist. Ob das deine Werbung ist, die du einsetzt, ja, sei dir dessen gewahr, dass deine Energie auch durch deine Werbung funktioniert.

Wir haben das in meinen Programmen bereits so häufig praktiziert. Unter der Voraussetzung, dass du zum Beispiel in den sozialen Medien deine Werbung korrekt aufgesetzt hast und natürlich auch die Mechanismen des Online-Marketings beherrschst. Aber deine innere Energie ist etwas, was maßgeblich dazu beiträgt, dass deine Werbung gut oder weniger gut funktioniert. Ein praktisches Beispiel: Eine Kundin von mir hat auf Anhieb einen sechsstelligen Launch für sich bewerkstelligen können. Das ist etwas Außergewöhnliches. So etwas passiert nicht jeden Tag. Das hat sehr stark mit deiner eigenen Energie zu tun.

Diese Kundin ist eine sehr hochfrequente Frau und sie hat eine Werbung in den sozialen Medien platziert, die nicht funktioniert hatte. Interessant war, dass sie ihre Produkte in zwei unterschiedlichen Ländern beworben hat. Also gingen wir in die Analyse. In einem Land hat die Werbung funktioniert, im anderen nicht. Woran liegt das? Das hat sehr viel mit Psychologie zu tun, aber auch mit der Kultur des jeweiligen Landes. Und es hat aber immer noch nicht ganz gereicht. Im nächsten Schritt haben wir festgestellt, dass sie unbewusst ihre eigene Energie und mit ihrer eigenen inneren Haltung den

Erfolg der Werbung blockierte, weil sie nicht das Gefühl hatte, es auch im zweiten Land zu schaffen. Es war ihr einfach zu viel.

Als wir das aufgelöst hatten und als sie sich dies bewusst gemacht hat, ist Folgendes passiert: Plötzlich hat die Werbung funktioniert, und das war ein innerer, energetischer Prozess. Das war das Entscheidende.

Ich hoffe, ich konnte dir anhand von diesem Beispiel und auch den Beispielen davor nahebringen, was energetisches Marketing im Kern bedeutet. Jetzt möchte ich zum nächsten Schritt kommen, um energetisches Marketing noch erfolgreicher werden zu lassen, indem deine Interessenten zu Kunden werden.

Es gibt etwas, das du wissen musst.

Deine Kunden kaufen nicht nur deine Expertise, sie kaufen vor allem deine Energie.

Und das gilt insbesondere für Coaches, Trainer, Experten und Beraterinnen. Damit du also tatsächlich als authentisch glaubwürdiges Rollenmodell fungieren kannst, ist es wichtig, dass du das, was du vermitteln möchtest, selbst zu 100 Prozent verkörperst und lebst. Das ist der Schlüssel für deinen Erfolg. Deine Kundinnen spüren, ob du authentisch bist. Lebst du deine Prinzipien oder lebst du sie nicht? Schon allein deswegen sage ich immer, die Spaltung von Businessperson und Privatleben gibt es nicht.
Stell dir jemanden vor, der im Coaching/Trainingsumfeld tätig ist. Wenn diese Person nun sagt: *Privat bin ich ganz anders, total das Gegenteil. Das hat mit mir überhaupt nichts zu tun.* Dann wird diese Person immer auf einer bestimmten Frequenz bleiben.

Wenn du ganzheitlich agieren möchtest – und das unterstelle ich dir, weil du dieses Buch liest – dann geht es darum, dass du aus deiner innersten Essenz heraus agierst. Dass deine ganze Energie mit dem übereinstimmt, was du vermitteln möchtest. Wenn du also Heilerin bist, dann gibt es natürlich immer Momente im Leben, da sind wir nicht ganz in unserer 100%igen Energie. Das geht mir natürlich auch so. Dann sind wir vielleicht gestresst oder wir haben in unserem Privatleben wirklich eine anstrengende Zeit und das spiegelt sich wider. Das spiegelt sich natürlich auch wider in unserer Ausstrahlung. Auch im Life-Coaching- und Heilbereich gibt es immer wieder Menschen, die krank aussehen. Das ist eine sehr wichtige Botschaft. Du kannst nicht das vermitteln, was du möchtest, wenn du diese Transformation nicht selbst verkörperst.

Spür in deine eigene Energie hinein, achte darauf, wie es um dich bestellt ist und sorge dich um dein Wohlbefinden. Das hat sehr viel mit Selbstliebe und Fürsorge zu tun. Geh noch mal zurück in die ersten Kapitel des Buches, in denen es um die Themen Dankbarkeit, Vergebung und so weiter geht, und mach dir das noch einmal selbst bewusst. Selbstliebe praktizieren, ist Vorsorge treffen. Dass du dich selbst liebst, ist eines der wichtigsten und wirksamsten Tools im Business. Deine Energie ist es, die letztendlich wirkt und die die größte Kraft hat. Denn ich wiederhole es noch einmal: Deine Kundinnen kaufen nicht nur deine Expertise, sie kaufen vor allem deine Energie. Das ist ähnlich wie in der Psychologie im therapeutischen Kontext. Nicht die Methode wirkt in der Psychotherapie, sondern vor allem die Beziehung zwischen Therapeut und Therapiertem.

So ähnlich steht es natürlich auch um die Beziehung zwischen Coach und Coachee, zwischen Trainer und Trainierendem, dem Berater und dem Beratenen. Denke an den Eisberg. Und deswegen ist eine Trennung zwischen Privat und Business eine Illusion. Selbst in der Wissenschaft hat es sich bestätigt: Bei Experimenten im Labor beeinflusst derjenige, der die Forschung betreibt und die Auswertung vornimmt, das Ergebnis. Das ist die Subjektivität, das ist die Energie, die wirkt. Nur weil wir sie nicht betrachten wollen, heißt es nicht, dass sie nicht da ist. Deswegen lenke deine Aufmerksamkeit auf den ganzen Eisberg, auch auf die unteren 80 Prozent. Du wirst erstaunt sein, was das alles verändert.

Zusammenfassung

Das sind die Schritte für erfolgreiches, energetisches Marketing.

1. Sei dir bewusst, dass Marketing mehr als Tools im Außen ist. Das Wesentliche ist für das Auge unsichtbar.

Gemäß dem Eisbergmodell wirken die 80 Prozent, die unter der Oberfläche des Eisberges im Wasser sind. Sie wirken in deinem täglichen Marketing und sind Grundlage und Bestand deines Erfolgs.

Die restlichen 20 Prozent über der Oberfläche sind Marketing-Tools im Außen.

2. Energetisches Marketing beginnt bereits in deiner innersten Essenz und lange bevor du in sichtbaren Kontakt kommst. Deswegen sind wir nie getrennt von unseren Interessentinnen und Kundinnen. Wir sind immer verbunden, sie sind bereits da. Deswegen nimm bewusst mit ihnen Kontakt auf und sei dir gewahr, welche Gefühle und Gedanken du hast, wenn du aus deinem zukünftigen Business heraus agierst. Wenn du das immer mehr fühlst, bist du heute schon bereit, die richtigen Signale als Frequenz auszusenden wie ein Funkmast.

3. Dein Magnetismus hängt von deinem Bewusstsein und von deinem Mindset ab. Je mehr du dir darüber bewusst bist, welche enorme Kraft

du hast, dass deine Schwingung und Frequenz ins morphogenetische Feld wirken und du auch, ohne dass du es bewusst tust, Signale aussendest, desto wichtiger ist es, dass du beginnst, in dein Gewahrsein zu gehen und diese Signale bewusst auszusenden. Je mehr du diese Schwingung selbst bist, desto leichter wird es dir fallen und desto größer ist dein Magnetismus. Und das ist der Prozess, in dem energetisches Marketing wirkt. Und indem du beginnst, aus Stroh Gold zu spinnen, wirst du zu einer wahrhaftigen Alchemistin in deinem Business.

Kapitel 9:

Energetische Analyse deines Unternehmens

In diesem Kapitel möchte ich nun ganz praktisch und pragmatisch in die Analyse deines Unternehmens einsteigen, und zwar nicht auf herkömmliche Art und Weise, indem wir uns Zahlen und Aktionen anschauen, sondern indem wir eine energetische Analyse deines Unternehmens vornehmen. Wir gehen dabei weg von einem aktionsgetriebenen Ansatz im Business hin zu einer energetischen Analyse.

Wenn wir im alten Paradigma denken, gehen wir davon aus, dass wir desto bessere Ergebnisse erzeugen werden, je mehr wir tun. Dem ist aber nicht so. Es geht nicht darum, mehr zu tun, sondern stattdessen mehr zu empfangen und mehr zu erlauben, um bessere Ergebnisse zu erzielen und auf einer anderen Bewusstseinsebene zu agieren.

Unsere Vorstellungen von harter Arbeit sind zum Beispiel aus dem American Dream übernommen bzw. aus der kirchlichen Tradition. Ora et labora, bete und arbeite. Sehr viele Religionen verfolgen ein ähnliches Arbeitsethos. Ob Protestantismus, Katholizismus oder Calvinismus – das Ethos, dass wir hart arbeiten müssen, dass es ein Arbeitsleid gibt, zu dem wir Menschen verdammt sind und dem wir uns beugen müssen, herrscht vor. Das Prinzip lautet: Mit harter Arbeit kommst du vom Tellerwäscher zum Millionär. Aber du musst hart dafür arbeiten. Dann kann es jeder schaffen.

Nun, ich will nicht sagen, dass wir mit dem energetischen Ansatz nicht mehr arbeiten. Wir arbeiten sehr wohl und manchmal durchaus auch sehr hart.

Aber nicht, indem wir im Außen mehr tun, sondern indem wir an unserem Bewusstsein arbeiten, dieses verändern und somit auf eine andere Schwingungsfrequenz kommen. Erlaubst du dir, aus einer inneren Leichtigkeit in deinem Business zu agieren? Es ist völlig transparent und bewusst, dass deine Energie, die du bist, in deinem Business und in deinem Leben einen maßgeblichen Einfluss auf dein Business-Wachstum hat. Aus meiner Sicht passiert außergewöhnliches Business-Wachstum vor allem dann, wenn du dir des energetischen Ansatzes bewusst und des Bewusstseins transparent bist. Selbstverständlich geht es nach wie vor darum, dass wir eine Expertise in unserem Fachgebiet haben, denn von nichts kommt nichts. Aber wir erweitern das um den energetischen Ansatz. Und wie ich bereits im energetischen Marketing anhand des Eisbergmodells dargelegt habe, ist das Wesentliche für das Auge unsichtbar. Unter dem sichtbaren Eisberg ist das energetische Prinzip zu Hause und das, was wahrhaftig wirkt.

Dieses Buch vertritt keinen Work-Hard-Ansatz. Stattdessen geht es darum, intelligent und mit Bewusstsein zu arbeiten, deine Energie anzuheben und aus einer wachsenden Klarheit heraus dein Business ebenfalls wachsen zu lassen. Es geht immer um dein Bewusstsein und darum, mit welcher Energie du in deinem Business aktiv bist.
Die Frage ist nicht: *Was kann ich tun?*, sondern stattdessen: *Wer kann ich sein?*

Was in deinem Business passiert oder auch nicht passiert, ist eine direkte Reflexion deiner Energie.

Jetzt möchte ich mit dir in die fünf Ebenen bzw. fünf Themenfelder der energetischen Analyse deines Unternehmens einsteigen, die in deinem Business relevant sind. Diese Ebenen sind einmal natürlich du selbst, deine Kundinnen und Menschen, mit denen du zusammenarbeitest oder auf andere Weise zu tun hast, dein Verkauf, dein Marketing und Geld. Lass uns diese Bereiche etwas näher erarbeiten. Ich lade dich ein, dir währenddessen Notizen zu machen. Du kannst dabei für dein eigenes Business und für dich selbst reflektieren, wo du stehst und welches energetisch deine nächsten Schritte sind.

Ebene eins: Du selbst und wie du deine Realität erfährst

Du bist eine mächtige Kreateurin. Wie ich bereits in den vergangenen Kapiteln aufgezeigt habe, sind wir mächtige Kreateurinnen, denn wir sind multidimensionale Wesen. Egal ob wir uns dessen bewusst sind oder nicht. Wir haben immer einen unendlichen Raum und Schatz zur Verfügung, um in unserem Business zu wirken. Es kommt immer nur darauf an: *Welches Weltbild verwenden wir?* Möchtest du das mechanische Newton'sche Weltbild weiterverwenden, indem du einfach energetische Prozesse ausklammerst und alles auf die Materie reduzierst? Oder möchtest du den quantenphysikalischen Ansatz wählen, indem du beginnst, alles in Schwingung und Frequenz zu sehen? Alles ist Energie. Materie ist Energie, die einfach eine andere Frequenz hat. Und glaubst du dir, alle möglichen Dimensionen in deinem Business auch aktiv zu leben und zu vereinen? Wenn du beginnst, dies zu tun, dann wirst du automatisch in ein neues Bewusstseinsfeld eintreten und dadurch ein anderes Gewahrsein gewinnen. Es werden dir neue Räume eröffnet und du beginnst, dich aus einer anderen Perspektive zu betrachten. Sobald du in diese Multidimension eintrittst, wirst du mit Sicherheit deine Einstellung dir selbst gegenüber revolutionieren und komplett verändern.

Ich lade dich ein, zu reflektieren, wie du dich in Bezug auf dein Business fühlst. Schreibe eine Bewertung auf einer Skala von 1 bis 10 (1 wenig bis 10 außergewöhnlich). Sei ganz ehrlich zu dir selbst. Nimm dir ein paar Minuten Zeit, gehe in dich und beantworte diese Fragen ganz für dich. Du musst die Antworten niemandem zeigen.

1. Wie fühlst du dich allgemein?
2. Was denkst du über deine Fähigkeit, erfolgreich zu sein und alles zu kreieren, was du willst?
3. Wie bewertest du deine Fähigkeiten?
4. Wie wertvoll ist es für dich, durch dein Business andere Menschen zu berühren?
5. Was funktioniert alles in deinem Business?
6. Siehst du, was funktioniert?
7. Oder siehst du eher, was nicht funktioniert?
8. Wie sehr glaubst du daran, dass du die Fähigkeit hast, deine Träume und Visionen zu erreichen?
9. Glaubst du, du bist gut genug?
10. Glaubst du, dass du immer das Richtige sagst?
11. Glaubst du, dass du die Fähigkeit hast, weiter zu wachsen und deinen Kundinnen Monat für Monat noch bessere Ergebnisse zu ermöglichen?
12. Glaubst du, dass du dauerhaft erfolgreich in deinem Business sein kannst?
13. Glaubst du, dass du perfekt bist, so wie du bist?

Diese Fragen über dich selbst und wie du dich in deiner Realität erfährst, kann beliebig fortgesetzt werden.

Ganz egal welche Bewertung du dir selbst gegeben hast, im nächsten Schritt lade ich dich dazu ein, dich zu fragen, wie eine Situation aussehen würde, in der du dir eine 10/10 gegeben hättest? Wer oder was kannst du sein, damit du zur 10 kommst? Was darf passieren? Was kannst du weglassen? Sei dir bewusst, dass du ein multidimensionales Wesen bist, dass du eine mächtige Kreateurin bist. Wie du dich in dieser kleinen Übung bewertet hast, zeigt, welche Gedanken deinen Handlungen zugrunde liegen. Das schwingt auch im Umgang mit deinen Kundinnen mit. Wenn du dich weit entfernt von der 10 siehst, dann empfehle ich dir, an deiner Klarheit, Stärke und deinen bisherigen Glaubenssätzen zu arbeiten, diese zu klären und gegebenenfalls aufzulösen.

Diese Aufgabe gibt es in meinem Unstoppable Spiritpreneurs Programm gleich zu Beginn. Wir alle haben viele Glaubenssätze bzw. Bewertungen über uns selbst. Viele meiner Teilnehmerinnen sprechen am Anfang auf eine sehr niedrig schwingende Art über sich selbst, setzen ihre eigene Energie herab und werten sich selbst ab. Leider ist das vor allem uns Frauen über die Jahre sehr stark beigebracht worden. Deine innere Motivation spielt eine große Rolle. Wenn du etwas Neues beginnst, wie fängst du damit an? Sagst du: *Ich weißt, dass ich das kann. Es ist noch nicht gut, aber ich weiß, dass ich am Anfang stehe. Ich bin Anfängerin. Ich habe schon immer Schwierigkeiten mit Technik gehabt.* All diese Dinge passieren leider immer noch sehr, sehr häufig. Diese Abwertungen ohne Not, insbesondere in einer Gruppe von Gleichgesinnten, passieren sehr häufig. Ich lade ich dazu ein, zu reflektieren und auf dich zu schauen, wie du selbst agierst.

Diese Energie, die du aussendest, ist eine niedrig schwingende Energie und setzt dich herab. Wenn du dich selbstständig machst, dann ist es völlig normal, dass du zu Beginn erst mal lernen darfst und musst. Und wir sind immer Lernende auf jedem Level, auf jeder Ebene, auf die du gelangen möchtest. Immer wieder aufs Neue. Lernen ist schön. Lernen ist wichtig,

Lernen ist wertvoll. Und etwas noch nicht zu wissen, heißt nicht, dass wir deswegen klein sind oder minderbemittelt, sondern du kannst es einfach noch nicht. Und du bist jetzt dabei, das zu lernen. Wenn du dir dessen gewahr bist, bist du sofort in einem anderen Fokus und hast auch mehr Leichtigkeit und mehr Freude, als dass du dich tatsächlich erst mal in eine niedrig schwingende Energie bringst.

So weit zur ersten Ebene der energetischen Analyse deines Unternehmens. Du bist die Basis deines Unternehmens und deswegen ist es erforderlich und absolut wichtig, dass du dich selbst, und wie du deine Realität erfährst, reflektierst.

Ebene zwei: Deine Kundinnen und andere Menschen

So wie du dich selbst siehst, so siehst du dein Gegenüber. Als Beispiel möchte ich mir die Transaktionsanalyse des Ich-Zustandsmodells mit dir anschauen.

Es gibt verschiedene Modelle.

1. Ich bin okay, du bist okay.
2. Ich bin okay, und du bist nicht okay.
3. Ich bin nicht okay, aber du bist okay.
4. Ich bin nicht okay, du bist ebenfalls nicht okay.

Unter Punkt 1 hast du deine Haltung dir selbst gegenüber reflektiert. Vor allem, wenn die „Ich bin nicht okay"-Haltung überwiegt, solltest du dir als Ziel setzen, immer mehr in die „Ich bin okay"-Haltung zu kommen. Wir haben natürlich alle unsere kleinen Themen. Aus meiner tiefsten Überzeugung heraus sind wir aber alle zutiefst geliebte und zutiefst liebenswerte

Wesen. Und wir sind alle okay, so wie wir sind. So werden wir geboren. Natürlich gibt es Glaubenssätze, Erziehung, Blockaden, die dir vielleicht im Weg stehen. Nichtsdestotrotz lade ich dich ein, eine bedingungslose „Ich bin okay"-Haltung einzunehmen. Egal wo du gerade stehst, ob du Einsteigerin, Fortgeschrittene oder Profi bist.

Nun sieh dir deine Kundinnen und die anderen Menschen an.

1. Wie siehst du sie?
2. Liebst du sie so, wie du dich hoffentlich selbst liebst?
3. Worum drehen sich deine Gedanken in deinem Business?
4. Drehen sich deine Aktionen vor allem um dich und vermeintliche Unzulänglichkeiten oder sind sie auf deine Kundinnen fokussiert?
5. Wie sind die Beziehungen zu deinen Kundinnen? Habt ihr ein gutes, offenes Verhältnis? Zahlen sie überwiegend gleich und alles?

Sei dir gewahr, dass Menschen auf unsere Gedanken und Gefühle antworten. Wie du dich selbst siehst und bewertest, so antworten deine Kundinnen auf dich. Oder sie kommen erst gar nicht zu dir, weil sie genau spüren, dass du dich vielleicht klein hältst. Und wenn du Kundinnen anziehen möchtest, die anspruchsvoll und qualitativ hochwertig sind, du dich selbst aber als minderwertig betrachtest, dann wird es schwierig werden, diese auch anzuziehen. Denn – ich wiederhole es – Menschen antworten auf unsere Gedanken und Gefühle. Schau dir mal an, wie deine Beziehungen sonst so in deinem Leben sind. Bist du in liebevollen Beziehungen mit deiner Umwelt oder bist du im Kampf? Deine Beziehung zu deinen Kundinnen soll, darf und muss auch immer eine Liebesbeziehung sein. Liebst du deine Kundinnen wie dich selbst oder nicht? Unsere Kundinnen sind ein Spiegel unseres Selbst. Wenn du der Meinung bist, dass deine Kundinnen kein Geld haben und du deswegen kein Geld hast, dann wirst du ganz genau das auch anziehen. Wenn du der Auffassung bist, dass du hochqualitative Arbeit leistet und dass es nur eine Frage der Zeit ist, bis all deine Kundinnen und Interessentinnen das verstehen und diesen Wert annehmen und honorieren, dann wird genau das passieren, solange du es tatsächlich auch fühlst. Und das ist das Wichtige, wann immer wir über Energetisches sprechen.

Es geht hier um Gefühle. Es geht darum zu fühlen, das Energetische ganz tief in deiner DNA zu spüren und es zu implementieren. Dann erst kann es seine ganze Wirkungskraft entfalten.

Übung Ebene zwei

Ich lade dich auch hier ein, auf einer Skala von 1 bis 10 zu schauen, wie du deine Kunden und andere Menschen siehst.

1. Wie ist deine Beziehung zu ihnen?
2. Wie ist die Energie?
3. Wie fließt sie?
4. Wenn du ein bestehendes Business hast mit vielen oder auch weniger Kundinnen, dann beobachte einmal, wie deine Kundinnen sind und wie deine Beziehung zu ihnen ist. Ist es eine liebevolle, achtsame, aufmerksame Beziehung? Oder ist es eher eine Beziehung, die auf Kampf, Defensive oder auf Mangel beruht?

Frage dich auch: Wer oder was kann ich sein, um meine Beziehung zu meinen Kundinnen zu verbessern? Wie kann ich sein, um meine energetische Beziehung zu meinen Kundinnen zu verbessern? Einen ganz klaren Kunden-Avatar für dich zu formulieren, ist dabei sehr hilfreich; ebenso, dass du das Level der Kundinnen, die du anziehen möchtest, selbstverständlich selbst bist. Überlege dir, wie deine ideale Kundin aussehen soll? Welche Eigenschaften hat sie oder er und frage dich selbst: *In welchem Maß verkörpere ich selbst all das, was ich mir von meinem Kunden wünsche?*

Ebene drei: Verkauf

Auch hier möchte ich dich zur Selbstreflexion einladen.

1. Wie siehst du Verkauf für dich?
2. Hat Verkauf in deinem Business eine hohe Priorität oder empfindest du verkaufen eher als lästig und anstrengend?
3. Empfindest du verkaufen als den schmutzigen Teil des Prozesses oder lebst du Verkauf, liebst es, Verkaufsgespräche zu führen?
4. Liebst du es, deinen Kundinnen Möglichkeiten zur Transformation und zur Veränderung aufzuzeigen?

Ich möchte dich jetzt hier an dieser Stelle einladen, Verkauf als gelebte Liebe kennenzulernen, indem du dein Produkt anbietest und zeigst, was es gibt, wie du arbeitest und welche Transformation deine Kundinnen durch dich erreichen können.

Tätigst du einen Liebesdienst? Du zeigst ihnen, was sie in ihrem Leben verändern können, was sie erreichen können. Und welchen höheren Dienst gibt es, als das aufzuzeigen, was in ihrem Leben möglich ist und wie sie es verändern können? Ihnen die Sicherheit zu geben, dass du diejenige bist, die ihnen zeigt, wie es geht?

Das ist hat nichts mit Selbstüberschätzung zu tun, sondern du bist dir deines unendlichen Wertes absolut bewusst. Du weißt ganz genau, was dein Dienst hier auf dieser Erde ist, was dein Warum ist, warum du tust, was du tust. Genau das ist deine Aufgabe und ich persönlich bin zutiefst davon überzeugt, dass wir Menschen alle einen Auftrag haben. Deswegen ist es wichtig, dass du diesen Menschen, die dich suchen, genau das gibst, was sie brauchen. Nur du kannst ihnen das geben. Denn du bist in dem, was du tust, einzigartig.

Deswegen ist Verkauf tatsächlich gelebte Liebe. Jetzt möchte ich dich an dieser Stelle ebenso einladen, auch auf dieser Ebene auf der Skala von 1 bis 10 zu reflektieren.

1. Wie siehst du bisher Verkauf?
2. Ist das ein für dich lästiges Übel?
3. Oder ist es die Priorität Nummer eins?
4. Ist das etwas, worüber du dir tagtäglich Gedanken machst?
5. Wie kann ich mehr Kunden gewinnen?
6. Wie kann ich mehr von meinem Dienst, von dem, was ich in die Welt zu bringen habe, anbieten und mehr Menschen darauf aufmerksam machen?

Kann ich vermitteln, welchen unendlichen Wert sie durch meine Programme erfahren können. Bitte schaue hier ganz genau und sei auch hier ganz ehrlich zu dir, wie du dich einschätzt. Ich möchte dich nun auch einladen, dich dann zu fragen: Wer oder was kann ich sein, damit ich noch mehr diese gelebte Liebe im Verkauf spüre? Was kann meine nächste Aktivität sein, um Verkaufen zur Priorität Nummer eins zu machen?

Was kann ich sein, damit ich die unendliche Wichtigkeit und den unendlichen Wert eines Verkaufsgesprächs erkennen kann? Frage dich genau das und du wirst sehen, dass du eine vollkommen neue Einstellung zum Thema Verkauf bekommst.

Ebene vier: Marketing

Auch Marketing wird nicht von jedem geliebt, vor allem spirituelle Unternehmerinnen betrachten es gerne als etwas, das lästig ist, unangenehm und mit dem sie eher nichts zu tun haben möchten.

Sie wollen stattdessen mit Menschen arbeiten und ihre Programme vertreiben. Sie möchten ihren Dienst leisten und ansonsten am liebsten damit nichts zu tun haben. Trotzdem, als spiritueller CEO ist es deine wichtigste Aufgabe, Marketing zu betreiben. Dein Unternehmen bist du, und dennoch kann dein Team Aufgaben von dir übernehmen, wenn du wächst. Somit kannst du immer weiter über die Brücke in deine Freiheit gehen. Du kannst dein Unternehmen von dir als Person loslösen und immer mehr zu einer eigenständigen Marke werden, ohne dass du tatsächlich als Person im Vordergrund stehen musst. Wenn du in diese Richtung gehen möchtest, dann wirst du dich von dir als persönliche Marke trennen.

Das wird mit Sicherheit passieren, wenn du ein siebenstelliges Business hast. Davor wird dein Unternehmen höchstwahrscheinlich zum großen Teil an dich als Person gekoppelt sein, an deinen Geist, an deinen Spirit. Und deswegen ist es nach wie vor gut, dass du die – auch inhaltliche – strategische Ausrichtung im Marketing sehr stark mitbestimmst. Du wirst mit Sicherheit im Laufe deines Unternehmerinnenlebens Menschen einstellen, die für dich das Content-Marketing übernehmen, die deine Inhalte verfeinern, diese weiterentwickeln. So lange, bis du tatsächlich als Marke so gewachsen bist, dass du als Person in den Hintergrund treten kannst.

Deswegen ist es wichtig, dass du einige essenzielle Fragen über dein Marketing beantwortest:

1. Zeigst du dich gerne, zeigst du gerne deine Einzigartigkeit?
2. Zeigst du, wo genau du den Unterschied machst?
3. Zeigst du deine Werte und zeigt vor allem dein Marketing deine Werte?
4. Zeigt dein Marketing dein großes Warum und deine Vision?
5. Was glaubst du über deine Fähigkeit, dass du mit deinem Marketing, mit deinen Inhalten und mit deiner Expertise gehört und gesehen wirst?

Reflektiere darüber. Dein Marketing leistet einen wichtigen Beitrag, damit dein Business gesehen wird. Du positionierst dich als Expertin in deinem Business und differenzierst dich durch deine Einzigartigkeit. Das bedeutet, für andere sichtbar zu machen, was dein Unterschied ist.

Ich rede hier nicht über Tools wie Reichweiten oder Aktionen in Social Media, über Blogging, Podcasts, YouTube-Videos, sondern ganz prinzipiell über die Werthaltigkeit deiner Botschaft. Wie sehr glaubst du, dass du tatsächlich wahrgenommen und gehört wirst? Jenseits von Reichweiten und jenseits von kontinuierlichem Content-Marketing.

Indem du dir über deine Wirkungskraft, über dein Warum, über deine Werte und deine Einzigartigkeit klar bist und dieses auch in Wort und Schrift in die Welt hinausträgst, bist du präsent, hast du einen ganz anderen Hebel. Wie willst du deine Wirkkraft steigern, wenn du glaubst, dass dich niemand sieht und dass du ein Reichweitenproblem hast oder dass sowieso niemand zu deinem Webinar kommt? Wie stark glaubst du, ist eine Fähigkeit ausgeprägt, dass du gehört wirst? Wie sehr glaubst du, dass du diese Fähigkeit hast? Wie gerne zeigst du deine Einzigartigkeit? Und zeigst du vor allem auch deine Werte? Wenn du in der Skala von 1 bis 10 eher weiter unten bist, dann überlege dir auch hier: *Wer oder was kann ich sein? Wer oder was kann ich sein, um mehr an meine Fähigkeit zu glauben, dass ich gehört werde? Wer kann ich sein, um mich gern zu zeigen?*

Wer bin ich in meiner Einzigartigkeit? Wie sehen mich meine Kundinnen in meiner Einzigartigkeit? Warum habe ich eine einmalige Positionierung? Und warum bin ich in meinem Auftritt so stark? Warum werde ich so gehört? Und warum werde ich als so präsent von meinen Kundinnen wahrgenommen? Das sind Ansätze, die du dich fragen kannst, um mehr in deine Wirkungskraft zu kommen.

Ebene fünf: Geld

Die letzte Ebene in der Unternehmensanalyse ist das Thema Geld.

Geld ist ebenso eine Liebesbeziehung. Ich möchte dich hier einladen, dass du beginnst, deine Beziehung zu Geld tatsächlich als solche zu sehen.

1. Wie sehr kümmerst du dich um dein Geld?
2. Wie klar kommunizierst du mit deinem Geld? Wie klar kommunizierst du auch, was deine Wünsche an Geld sind?
3. Wie sehr erlaubst du dir, Geld zu empfangen und die Liebe des Geldes zu empfangen?

Das sind alles ein paar Anregungen für dich, um in diese Liebesbeziehung mit Geld einzusteigen. Denn es ist tatsächlich so: Deine Glaubenssätze spiegeln sich in deiner Beziehung zum Geld wider. Wenn du dir erlaubst, Geld zu empfangen, wird das auch passieren. Wenn du dir erlaubst, es genauso schnell wieder zu verlieren, wird das wahrscheinlich ebenso passieren.
Dann hast du tatsächlich ganz bestimmte Haltungen, Gefühle, Glaubenssätze und Werte über Geld. Manchmal ist es insbesondere in spirituellen Kreisen verbreitet, dass Geld schlecht ist. Geld ist Energie, und Geld ist neutral. Es obliegt uns, was wir aus Geld machen, wie wir mit Geld umgehen

und was aus Geld entsteht. Das ist etwas, was sehr wichtig ist zu verstehen. Geld ist einfach da. Und Geld wird nur dann schlecht, wenn wir es als etwas Schlechtes bewerten. Geld zu verdienen heißt nicht, dass du automatisch mehr tun musst. Geld bekommen heißt, dir zu erlauben, mehr zu empfangen. Geld zu empfangen ist eine zutiefst weibliche Eigenschaft. Und wenn du eine Frau bist, dann lade ich dich jetzt ein, zu reflektieren, wie sehr du dir erlaubst zu empfangen.

Auch hier hält sich immer wieder hartnäckig dieses alte Paradigma, dass wir ganz viel tun müssen, um Geld zu erhalten. Dass wir Geld gegen Zeit umtauschen müssen und vieles mehr. Geld ist tatsächlich eine direkte Reflexion dessen, was du dir erlaubst, zu empfangen. Und außergewöhnliches Wachstum passiert dann, wenn du die Energie in diesen fünf Ebenen, die ich dir gerade eben aufgezeigt habe, massiv erhöhst, wenn du dort in dein Bewusstsein, in dein Gewahrsein einsteigst. Erlaube dir, diese Ebenen als direkte Reflexion deiner Energie zu sehen. Kümmere dich zuerst um deine Energie, deine Glaubenssätze, deine Gefühle zu diesen fünf Ebenen, bevor du im Außen agierst.

Wenn du diese fünf Ebenen dem anpasst, was du in deinem Leben erreichen möchtest, was deine Vision beinhaltet, dann wirst du in dieses außergewöhnliche Wachstum gehen. Es geht hier nicht darum, dass du mehr tust, sondern dass du dir erlaubst, mehr zu empfangen.

Also frage dich: *Wie sehr bin ich bereit, all das zu empfangen, und zwar nicht auf einer mentalen Ebene, sondern auf einer gefühlten Ebene?*

Und wenn du auf die Ebene gehst und dort ehrlich zu dir selbst bist, wirst du sofort in der Reflexion bemerken, wo du selbst noch Hindernisse in deinem Business hast und wo du dich selbst noch limitierst und klein hältst. Und dann lade ich dich ein, dass du dort wirklich noch einmal in die Übung des zukünftigen Ichs hineingehst und dir nochmals die Ebenen des Bewusstseins bewusst machst.

Das, was wir hier erarbeiten, ist eine sehr filigrane Arbeit, die im Außen in Ergebnissen sichtbar ist und die im Inneren, selbst wenn sie feinstofflich ist – und wenn es sich manchmal nur um eine kleine Justierung oder Verschiebungen handelt –, eine sehr große Wirkung hat. Ich möchte dir als Beispiel von einer Kundin erzählen, der es schwergefallen ist, über eine bestimmte Schwelle ihres Umsatzes zu kommen.

Sie hat immer das Gefühl gehabt, es gibt etwas, das sie behindert, dass sie in einen sechsstelligen Umsatz kommt. Und egal wie viel sie im Außen versucht hat, sie ist nicht über diese Schwelle gekommen. Sie hat verstanden, dass sie eine Art gläserne Decke in ihrem eigenen Sein, in ihrem Leben und in ihrem Business hatte.

In dem Moment, in dem wir gemeinsam daran gearbeitet haben, hat sich diese gläserne Decke vollständig aufgelöst. Die Kundin sah sich in ihrem zukünftigen Business-Ich ihr Programm verkaufen. Sie sah, wie sie ihren sechsstelligen Umsatz realisierte. Zuvor reflektierte sie ihre Glaubenssätze. Welche Glaubenssätze hatte sie selbst über sich, über ihre Fähigkeit zum Erfolg? Und genau das macht den Unterschied: dein Businesswachstum aus deinem zukünftigen Ich heraus zu betrachten und so zu agieren, als hättest du es bereits erreicht.

Zusammenfassung

In diesem Kapitel haben wir gemeinsam deine energetische Unternehmens-analyse vorgenommen. Wir haben die fünf Ebenen deines Unternehmens beleuchtet:

Erstens wie du dich selbst und deine Realität erfährst, zweitens deine Kundinnen und andere Menschen, drittens deine Beziehung zum Verkauf, viertens dein Marketing und fünftens deine Haltung dem Geld gegenüber.

Indem du diese fünf Ebenen aus einer energetischen Sichtweise betrachtest, erfährst du, wo du dich bisher selbst limitiert hast. Du erfährst, welches die nächsten Schritte für dein außergewöhnliches Wachstum sein können, in-dem du dir selbst erlaubst, mehr zu empfangen und den unendlichen Wert, den du stiftest, zu sehen. Du wirst dann automatisch wirkungsvoller und kraftvoller in deinem Business agieren. Du schaffst die Grundlage für mehr Businesswachstum. Und vor allem: Du schaffst die Grundlage für qualitativ bessere Ergebnisse deiner Kundinnen. Und das ist ganz genau das, was dir grenzenloses Wachstum ermöglicht.

Kapitel 10:

Der spirituelle CEO

Was ist das überhaupt, ein spiritueller CEO? Ich möchte gleich kurz erklären, warum Gandhi ein absolutes Vorbild darin ist. Ich glaube, wir sind uns alle einig, dass wir hier in einer ganz besonderen Zeit sind. Und nichts brauchen wir mehr als eine komplett neue Ausrichtung in unserem Sein und Tun. Für mich gehört die Geburt, oder die Wiedergeburt, des spirituellen CEOs mit dazu. Ich habe diese beiden Begriffe zusammengetan, um dir gleich etwas zu verdeutlichen. Ein spiritueller CEO ist tatsächlich eine erfahrene, bewusste Unternehmerin. Bitte verstehe darunter jemanden, der ein erfolgreiches Unternehmen leitet, sich selbst als CEO versteht, also als Leiterin eines Business. Das heißt, dass sie nicht als beste Mitarbeiterin alles selbst tut, sondern die Größe und Prinzipien des Unternehmens versteht. CEOs sind häufig Vorstände oder Geschäftsführer.

Mir geht es nicht um eine rechtliche Begriffsdefinition, sondern darum, dir zu vermitteln, was auf intuitiver und ideeller Ebene damit gemeint ist.

Ein spiritueller CEO ist jemand, der – wie der Name schon sagt – Spirituelles mit Business vereint. Das war niemals getrennt. Wir haben es getrennt, weil wir hier auf dieser Erde das Dualität-Spiel spielen. Das sehen wir in anderen Bereichen: Licht und Schatten, links und rechts, männlich, weiblich. Ja, das sind alles Dualitäten. Darüber erfahren wir sehr viel. Aber in Wahrheit sind wir alle eins und ganz genau so ist Spiritualität – Bewusstsein und Business sind miteinander untrennbar verbunden. Sie gehörten immer schon zusammen. Und das möchte ich mit dem Konzept des spirituellen CEOs noch einmal verdeutlichen. Ein CEO ist jemand, der sein Geschäft aus strategischer Sicht leitet und nicht nur im operativen Geschäft tätig ist. Jemand also, der sich eine Struktur und Prozesse aufbaut, sich die entsprechende Unterstützung holt, Mitarbeiter involviert, sich um das Budget und die Weiterentwicklung kümmert und selbstverständlich dafür sorgt, dass es Marketing und Sales gibt und dass dieses Unternehmen zu einer Marke wird.

Das sind die wichtigsten Aufgaben eines spirituellen CEOs, das Unternehmen vor allem aus strategischer Sicht zu leiten und weiterzuentwickeln. Und das ist ein Konzept. Es bietet sich vor allem an, wenn du schon einen bestimmten Weg gegangen bist, du bereits erfahrene Unternehmerin bist und jetzt weiterwachsen willst. Wenn du mehrfach sechsstellige Jahresumsätze machen möchtest, dann ist dieses Konzept genau das Richtige für dich. Aber selbst wenn du da noch nicht stehen solltest – eigne dir von Anfang an das Wissen an. Führe dein Unternehmen wirklich so, als ob du die Vorsitzende des Unternehmens bist und es noch andere Unterstützer in deinem Unternehmen gibt, die im Idealfall alle Profis sind und dich bei der Weiterentwicklung unterstützen können.

Das ist die eine Seite. Und dann gibt es natürlich auch noch die spirituelle Sicht darauf.

Frage dich:
- Geht es wirklich darum, zu dienen?
- Geht es darum, dass wir helfen, dass sich die Menschheit weiterentwickelt?
- Bringt uns das weiter, bringt es den Menschen, die zu mir kommen, wirkliche Veränderung und Transformation?

Betrachten wir alle Aktivitäten unseres Unternehmens ganzheitlich. Es geht um Freude, es geht um Wahrheit, und es geht am Ende des Tages um die

Essenz eines erfolgreichen Lebens. Und das war auch Gandhi sehr wichtig. Er war spiritueller Anführer einer Bewegung, der tatsächlich auch wirtschaftlich geführt und eine Gesellschaft weiterentwickelt hat, und zwar in seinem sehr großen Maße.

Für ihn war die Essenz eines erfolgreichen Lebens Wahrheit, Toleranz, Freude und natürlich Gewaltlosigkeit. Und wir sind genauso mitten drin, uns einzusetzen für unsere Wahrheit, selbstverständlich gewaltlos, und wir werden nicht locker lassen. Er war jemand, der nicht für Zwang, nicht für Manipulation war, sondern der für ganz andere Dinge eingestanden ist. Gleichzeitig hatte er eine spirituelle Sicht auf die Menschheit.

Und wir dürfen uns in der Tat als spirituelle Wesen sehen. Wir sind hier, um menschliche Erfahrungen zu machen, aber wir sind viel mehr als das Wissen dessen. Ist sich der spirituelle CEO immer bewusst?

Er kann auf eine menschliche Art ganz genau diese Aspekte vereinen und hat selbstverständlich auch einen hohen ethischen Anspruch, der nicht nur in irgendwelchen Blättern steht, sondern den er lebt. Das ist genau das, was Gandhi getan hat. Gandhi war jemand, der genau das gelebt hat, was er gepredigt hat. Er war ein sehr einfacher Mensch. Für ihn war dies das oberste Prinzip, und das ist auch das Prinzip des Spirituellen CEO aus der dienenden Führung heraus.

Es geht darum zu führen, aber auch zu dienen, und zwar tatsächlich zum Wohle aller Menschen, und nicht etwas zu tun, um nur die eigenen Dinge vorantreiben zu können und diese nach außen hin als etwas Wertvolles zu verkaufen. Diese Zeit ist definitiv vorbei und das ist damit auch nicht gemeint.

Dienende Führung ist wirklich wahrhaftiger Dienst. Und da steht auch der spirituelle CEO als Einzelner mit seinen alltäglichen Bedürfnissen und vielleicht auch Ego-Bedürfnissen zurück. Das erfordert natürlich ein sehr hohes Maß an Bewusstsein. Das ist ganz genau das, was wir jetzt in dieser Zeit brauchen – mehr denn je. Wir sehen, was uns passiert, wenn wir unreflektiert sind, wenn wir Menschen das Zepter überlassen, die keine hohen ethischen Ansprüche haben, die nicht diesen dienenden Ansatz verfolgen und letztendlich Manipulation praktizieren. Das macht ein spiritueller CEO nicht. Ihm geht es um innere und äußere Freiheit – und zwar für jeden. Der dienende Aspekt spiegelt sich auch im Umgang mit Kunden wider.

Und dann kommt nichts mehr. Es geht nicht darum, dass wir irgendwelchen Konzernen oder Eliten dienen, sondern es geht darum, dass wir den Menschen dienen. Und das ist das, was den spirituellen CEO ausmacht. Er sieht sich als Diener der Menschheit. Er weiß, dass die Menschheit sich tatsächlich weiterentwickeln kann. Dass diese Transformation stattfinden kann zum Wohle aller. Das ist ein sehr hoher Anspruch. Aber ich glaube, nichts anderes als das steht jetzt an. Nichts anderes als das sollten wir verfolgen und selbst für unser Leben anstreben. Das heißt nicht, dass wir perfekt sind. Es geht darum, dass wir diesen Aspekt verinnerlichen, dass wir danach streben, dass wir wirklich ins Licht streben. Das ist der Ort, zu dem die Menschheit geht. Das ist das, was wir auch brauchen.

Deswegen ist mein Leitspruch: **Ich möchte dein Leben und dein Business so richtig zum Leuchten bringen.**

Dazu möchte ich dich einladen. Wir müssen gemeinsam in eine neue Zeit gehen. Wir müssen das Augenmerk auf die essenziellen Dinge und Ziele legen, die erreicht werden sollen. Wir müssen einen ganzheitlichen Ansatz verfolgen. Das entspricht auch meinen Arbeitsmethoden.

Deswegen bin ich integraler Life- und Businesscoach. Das begleitet mich schon seit vielen Jahren, schon seit meinem Studium.

Bereits als Jugendliche war mir klar, dass Herz und Business zusammengehören, dass sie nicht voneinander trennbar sind, dass wir diese Menschlichkeit brauchen in unserem Leben und insbesondere im Business. Dass wir keine Maschinen , keine Automaten sind. Und dafür setze ich mich ein. Das ist mein Anspruch. Das ist das, was ich vermitteln möchte, das, wofür ich brenne. Denn es ist sehr wichtig. Damit große Ziele erreicht werden können, müssen wir uns auf die essenziellen Dinge und Ziele fokussieren. Das ist mein großes Ziel. Das ist das, was ich weitergeben möchte.

Für den Erfolg und die innere und äußere Freiheit, die du dir und deinen Kundinnen wünschst.

Kapitel 11:

Der spirituelle CEO und dein erfolgreiches Traumteam

Als spirituelle CEO bist du eine Leaderin und es ist deine Aufgabe, anderen Menschen zu helfen, erfolgreich zu sein.

Ich bin mir sicher, du hast eine großartige Expertise und du bist bereits mit deinem Unternehmen gewachsen. Jetzt geht es darum, den nächsten Schritt zu machen und in das nächste Level zu kommen, damit du dein sechs- oder höherstelliges Business aufbauen kannst, um so vielen Menschen zu helfen und um ihre vier Lebensbereiche und ihre Welt zu verändern. Niemand schafft das alleine.

Das Geheimnis des Erfolgs ist immer Teamwork. Du brauchst ein sehr gutes Team, mit dem du zusammenarbeitest. Leadership heißt, dass du fähig bist, eine Gruppe von Menschen zu führen und sie für dasselbe Ziel zu begeistern. Und dass sie sich sehr gerne von dir dorthin führen lassen. Leadership braucht es überall, egal ob du mit einer Agentur zusammenarbeitest, mit einem Webdesigner, mit deinen Kunden, mit anderweitig unterstützenden weiteren Menschen, mit deinen Mitarbeitern selbstverständlich auch.

Und Leadership ist tatsächlich alles im Business. Denn um wahrhaftig erfolgreich zu sein, ist es wichtig, ganz klar zu definieren. Ich möchte dich einladen zu überlegen, was du erreichen willst, also Ziele zu haben und diese gleichzeitig erfolgreich zu kommunizieren. Die Menschen dahin zu bringen, es auch zu wollen, damit sie wiederum ihre Ziele erreichen können. Das bezeichnet man gemeinhin als eine Win-win-Situation. Wenn du

Mitarbeiter einstellst und feststellst, dass die eigentlich überhaupt nicht das unterstützen, was du tust, die sagen: „Ich mach nur meinen Job, alles andere interessiert mich nicht.", dann wirst du niemals in Richtung eines absoluten Hochleistungsteams kommen. Dabei ist es so wichtig, dass dieses Team, das du dir als spiritueller CEO auf- oder weiter ausbaust, gemeinsam mit dir für dein Thema brennt.

Suche dir also Teammitglieder, die wirklich die gleichen Werte haben wie du, die für dieselbe Sache brennen. Das gilt auch, wenn du Agenturen beschäftigst.

Ein ganz simples Beispiel: Mal angenommen, du vertreibst ökologische Produkte oder spirituelles Life-Coaching. Wenn du nun einen Webdesigner einstellst, der am allerliebsten und eigentlich ausschließlich für die Technik-branche arbeitet, dann wird das keinen Erfolg haben.

Findet dein Designer dein Thema aber wahrhaftig spannend und unterstüt-zenswert und hat sich vielleicht selbst aus einer Leidenschaft heraus auf ein ähnliches Thema spezialisiert, dann wird dein Projekt mit Sicherheit eine ganz andere Richtung einschlagen.

Ähnlich verhält es sich natürlich auch bei deinen Mitarbeiterinnen, die du einstellen wirst oder bereits eingestellt hast. Deine Mitarbeiter müssen deine Ziele ebenso vertreten und diese auch als ihre Ziele sehen. Diese Ziele wich-tig finden, intrinsisch motiviert sein, im allerbesten Fall, dich dabei unter-stützen, weil sie dieses Thema so wichtig finden und fest daran glauben, dass es in die Welt hinaus muss. Mitarbeiter, die eine ähnliche Philosophie wie du verfolgen und die sich komplett mit deinem Thema, mit deinem Unter-nehmen identifizieren können. Denn dann startest du bereits auf einer ganz anderen Ebene und das ist eine Grundvoraussetzung, um dein Traumteam aufzubauen.

Leadership bedeutet, klar zu definieren und zu kommunizieren, wofür du und dein Business stehen und welche Ziele du hast. Was ist deine Mission? Was sind Werte, die du vertrittst? Dann können Mitarbeiterinnen, Firmen, Agenturen und natürlich deine Kundinnen sich zu 100 Prozent mit dir identifizieren.

Zusammengefasst ist es wichtig, dass du

1. ganz klar definierst, was deine Ziele sind und was du erreichen willst,
2. erfolgreich und klar kommunizierst,
3. Menschen begeisterst, deine Ziele mit dir zu erreichen.

Dazu musst du die Ziele der anderen Menschen verstehen und ebenso vermitteln, was du von ihnen willst, damit sie diese Ziele erreichen. Denn so erhältst du eine Win-win-Situation. Beide Seiten sind zufrieden und glücklich. Das erzeugt am Ende des Tages Loyalität und ermöglicht es dir, dein Team aufzubauen. Leadership und Management gehören zusammen.

Beides sind jedoch unterschiedliche Fähigkeiten, die es zu meistern gilt, um erfolgreich zu sein. Worin besteht der Unterschied zwischen Leadership und Management? Lass uns dazu ein Beispiel anschauen: Leadership setzt du zum Beispiel bei Verhandlungen und Einstellung neuer Mitarbeiter ein. Leadership zeigt sich in dem, wie Menschen für dich arbeiten. Wie sehr engagieren sie sich für dich und wie sehr fühlen sie sich wirklich verpflichtet in dem, was sie für dich tun? Oder arbeiten sie einfach nur irgendetwas ab?

Leadership bedeutet Begeisterung, Inspiration, Motivation, und die Fähigkeit, dieses und deine Ziele, die du erreichen willst, erfolgreich zu kommunizieren. Leadership bedeutet, die Menschen dahin zu bringen, dass sie ganz genau das, was du willst, auch wollen und dabei auch noch ihre eigenen Ziele erreichen. Das ist die Kunst der Leadership.

Management wiederum ist die Umsetzung von Leadership. In der Umsetzung bedeutet Management Struktur, Verbindlichkeit, Messbarkeit und Nachverfolgbarkeit. Dieser Ansatz kommt ursprünglich aus Amerika. Management wird dabei an Zielen gemessen.

Das heißt, die Aufgaben und die erfolgreiche Durchführung der Aufgaben werden vorab festgelegt und gemessen. Du sorgst mit deinem Team für eine Struktur und dein Team sorgt selbstständig dafür, dass die Aufgaben verbindlich eingehalten und übertroffen werden.

Management by objective – das heißt Management nach Zielen. Manchmal wird vergessen, dass das eben auch dazugehört. Als spiritueller CEO musst du daneben auch noch diese Managementfähigkeiten haben, insbesondere wenn du in Richtung Wachstum unterwegs bist.

Wenn dein Unternehmen so gewachsen ist, dass du die „halbe Million Umsatz"-Grenze bereits überschritten hast und in Richtung Millionen-Business gehst, gibt es gegebenenfalls die Möglichkeit, einen operativen Manager einzustellen, der in deinem Auftrag das übernimmt, was du gerade noch tust, nämlich dein Team zu messen, Verbindlichkeit herzustellen, Struktur herzustellen und auch Zielerreichung nachzuverfolgen. Und dafür ist dann wiederum ein Reporting, also eine Struktur an dich, notwendig.

Das ist etwas, wovon viele spirituelle CEOs träumen, die sagen: *Ich möchte gerne jemanden, der das alles für mich macht, der mein operativer Geschäftsführer ist und mir all das vom Leibe hält.*

Das kannst du tun. Sei dir aber bewusst, dass du vorher genau diese Struktur, vielleicht auch gemeinsam mit dem operativen Geschäftsführer, installierst, damit diese Nachhaltigkeit, diese Verbindlichkeit, Messbarkeit und Struktur in deinem Unternehmen vorhanden ist. Wenn du Management selbst genießt, dann ist das natürlich deine Tätigkeit. Stell dann lieber jemanden fürs Marketing ein, das ist für dein Unternehmen ebenfalls wichtig, vor allem im Onlinebereich. Jemand anderes kann dann die Aufgabe übernehmen, dich bekannt zu machen, Postings zu erstellen, Inhalte vorbereiten, Newsletter schreiben, Facebook Werbung schalten und Öffentlichkeitsarbeit betreiben. Diese Aufgaben können auch durch mehrere Personen abgedeckt werden, die dann zu einer Funktion gebündelt werden und an dich reporten. Dafür brauchst du allerdings – wie gesagt – eine gute Struktur, um den Erfolg der Aktionen beurteilen zu können.

Teamarbeit ist wichtig. Es ist aber ebenso wichtig, dass du als Leaderin und Managerin gleichzeitig auftrittst und dir ganz klar darüber bist, welche Aufgaben wie funktionieren, was gebraucht wird. Wichtig ist, dass du vor allem verstehst, was es heißt, ein Team aufzubauen. Niemand schafft alles alleine, selbst wenn du breit gefächerte Fähigkeiten hast.

Ich empfehle wirklich jedem: Hol dir ziemlich schnell von Anfang an eine virtuelle Assistenz, die dich unterstützt.

Selbst, wenn es nur ein bis zwei Stunden pro Woche sind. Du wirst sehen, dass du selbst mehr Raum hast, an deinem Business zu arbeiten, mit Kundinnen zu arbeiten, Inhalte zu produzieren, Marketing zu machen und dich auf den Verkauf zu konzentrieren. Denn dann wächst dein Team weiter. Und deswegen ist es so wichtig, dass du ganz genau diese Mentalität für dich entwickelst, damit du Erfolg und Freiheit erlangen kannst. Erst dein Traumteam kann dir dabei helfen, deine Träume selbst zu verwirklichen.

Ein weiteres wichtiges Tool ist Delegation. Das heißt, du gibst Aufgaben weiter. Du delegierst sie an jemand anderen (deine Mitarbeiter, deine Assistenz, deinen operativen Geschäftsführer). Du selbst kannst dann dein Unternehmen besser managen, um nachhaltig deine Ziele zu verfolgen, kreativ zu sein und dein Team dabei zu unterstützen, durch Training zum besten Teammitglied aller Zeiten zu werden.

Dafür bedarf es nicht nur einer klaren Aussage darüber, was die Ziele sind und wie du sie nachverfolgst. Es ist ebenfalls wichtig, deine Mitarbeiter zu trainieren, sie zu coachen, damit sie fähig sind, ihre besten Leistungen zu erbringen. Denn das richtige Team zu haben ist die Möglichkeit, deinen absoluten Durchbruch zu erzielen – oder eben nicht.

Das hört sich vielleicht jetzt nicht so angenehm an. Aber je klarer du dir darüber bist, dass du nicht nur begeisterte Mitarbeiter einstellst, sondern auch ihr Potenzial unterstützt, desto erfolgreicher wird dein Business. Denn Mitarbeiter, die am falschen Platz sind oder die nicht fähig sind, bestimmte Aufgaben zu erfüllen, weil sie die Fähigkeiten nicht haben oder weil sie das Potenzial nicht dazu haben, bringen dein Business nicht voran. Erst wenn du verstehst, wie du Menschen richtig förderst, kannst du für dich und dein Team außergewöhnliches Wachstum erzielen.

Beginne heute, an deinen Fähigkeiten als Managerin zu arbeiten, dich weiter als Coach auszubilden und deine Strategie klar zu definieren. Wenn du sie im nächsten Schritt effektiv und erfolgreich kommunizierst, bist du auf dem richtigen Weg.

Wo also anfangen? Als Erstes schreibst du auf, was du alles nicht mehr selber machen möchtest. Es wird einiges geben, dass du gerade zu Beginn selbst machen möchtest und solltest. Du solltest dich weiterhin selbst auf deinen Social-Media-Kanälen zeigen, Inhalte für Blog oder Podcast erstellen und präsent und erreichbar für deine Kundinnen bleiben. Natürlich arbeitest du selbst weiter daran, deine Programme zu verbessern und mit Kundinnen in Kontakt zu sein. Wenn du nun definiert hast, welche Aufgaben du abgeben möchtest, kannst du jemanden einstellen, der diese für dich übernimmt. Schreibe auf, was du abgeben möchtest, gruppiere diese Stellen und schreibe sie aus. Besetze sie mit der richtigen Person.

Zuerst solltest du dir eine Assistenz anstellen. Das kann eine physische oder eine virtuelle Assistenz sein. Davon gibt es mittlerweile viele, die nicht physisch mit dir am Schreibtisch sitzen müssen. Sie können von überall in der Welt ein bestimmtes Kontingent pro Woche für dich arbeiten. Eine Assistenz kann dir zum Beispiel die Administration abnehmen, organisieren, was im Hintergrund passiert. Sie verschafft dir Zeit, die du dann wieder mit Kundinnen verbringen kannst. Sie kann dir Mitgliederbereiche anlegen, Struktur schaffen oder Social-Media-Aktivitäten zu bestimmten Themenbereichen übernehmen. Alternativ kannst du auch Werkstudenten anstellen und deren Tätigkeit stündlich je nach Bedarf ausweiten. Teambuilding ist Kunst und Wissenschaft zugleich. Dazu braucht es auch von deiner Seite Hingabe. Es reicht nicht, jemanden einzustellen, der begeistert ist von dem, was du tust. Du musst gleichzeitig klare Strukturen vorgeben, in denen diese Person sich entwickeln kann. Wenn Ziele und Aufgaben klar definiert sind, wird deine Mitarbeiterin sich ebenfalls wohler fühlen und es genießen, mit dir zu arbeiten. Wichtig ist natürlich auch, dass dein Unternehmen sich entsprechend absichert mit Dokumenten, Systemen, geteilten Dateien und Trainings und dass du für absolute Vertraulichkeit sorgst, indem du eine Struktur für deine gespeicherten Dateien entwickelst und selbst genau weißt, wo sie sind.

Starte dort, wo du bist, und mit dem, was du hast. Jeder fängt bei null an. Jeder startet irgendwo und gibt etwas außer Haus. Mir war zum Beispiel von Anfang an klar, dass ich meine Webseite nicht selbst gestalten werde. Diese

Aufgabe habe ich von Anfang an abgegeben. Genauso meine Landingpages. Dann habe ich mir jemanden an Bord geholt, der es mir ermöglicht, schnell zu wachsen, in dem diese Person bei Facebook und Instagram Werbeanzeigen für meine Verkaufsveranstaltungen generiert und mich dabei unterstützt hat. Content für Blog, Videos, Live-Auftritte und so weiter habe ich natürlich selbst gemacht. Als Nächstes habe ich mir eine Assistenz gesucht, die mir dabei hilft zu launchen. Sie unterstützt mich, Inhalte in den Mitgliederbereich einzustellen, Neumitglieder zu begrüßen und das Administrative im Hintergrund aktuell zu halten. Damit habe ich gestartet.

Ich habe mir also von Anfang an Unterstützung geholt. Die war eher technischer Natur, weil mir klar war, dass ich bestimmte Dinge nicht machen will und nicht kann, weil sie einfach sehr zeitintensiv sind. Mit der Zeit wachsen diese Aufgaben.

Wichtig ist, dass du immer als Leaderin auftrittst, wenn du Mitarbeiter einstellst.

Du managst die Messbarkeit der Ergebnisse, gibst klare Ziele vor und sorgst dafür, dass sie eingehalten werden, indem du Aufgaben delegierst. Wenn du Aufgaben stattdessen selber machen musst, hast du die richtige Person noch nicht gefunden. Entweder kann sie etwas anderes besser oder sie bringt die Leistungen einfach nicht. Dann ist es wichtig, eine Entscheidung zu fällen, damit dein Unternehmen gut weiterwachsen kann.

Bevor du Mitarbeiterinnen einstellen und trainieren kannst, musst du zuerst deine eigenen Skills trainieren als Leaderin, als Managerin und auf persönlicher Ebene.

Gehe folgendermaßen vor: Wenn du als spiritueller CEO ein Team aufbauen möchtest, kümmere dich um dein Skillset. Werde Managerin, sei fähig zu delegieren und sei Coach für deine Mitarbeiter. Stelle Mitarbeiter ein, die dich als Assistenz entweder durch technischen oder administrativen Support unterstützen. Hol dir jemanden, der dich wirklich entlasten kann. Damit bekommst du deine Zeit zurück und kannst mehr Inhalte generieren und mehr bei deinen Kunden sein.

Wenn du dein Unternehmen weiter skalieren möchtest, das heißt mehr Kunden für dich generieren möchtest, dann stelle dir einen Verkäufer ein. Ein sogenannter Social Seller ist jemand, der dich in sozialen Netzwerken, bei Verkaufsveranstaltungen und in deiner Community unterstützen kann. Im dritten Schritt holst du dir noch mehr Freiheit zurück, indem du mehr Qualität in deine Coachingprogramme investierst. Dann kannst du dir zum Beispiel zusätzliche Coaches einstellen, die deine Programme in bestimmten Themenfeldern unterstützen. Das ist der Weg, dein Traumteam aufzubauen, um mit einem Unternehmen zu wachsen, um deine Träume zu verwirklichen und um über die Brücke in deine innere und äußere Freiheit zu gehen.

Über die Autorin

Siggy Reutter wurde in Ravensburg, Deutschland, geboren und wuchs in einer Kleinstadt nicht unweit davon auf. Eine Kindheit in der Natur und freier Bewegung haben sie tief geprägt. Heute lebt sie mit ihrer Familie in Südeuropa – derzeit hauptsächlich in Süditalien.

Mit 19 Jahren verließ sie ihre Heimatstadt, um zunächst in Irland zu leben und dann in Augsburg an der Universität Wirtschafts- und Sozialwissenschaften zu studieren. Früh war ihr klar, dass sie „Manager auf der Suche nach sich selbst" coachen und beraten möchte.

Aber der Weg war schwierig, denn Deutschland war mitten in der Rezession. Und so folgten freie Mitarbeiten bei Roland Berger und BMW.

Dabei sammelte sie erste Erfahrungen mit Coaching und Trainings, die sie abhielt.

Heute begleitet sie bewusste und ambitionierte Unternehmerinnen über die Brücke zu ihrem inneren und äußeren Erfolg und ihrer Freiheit. Sieh hilft ihnen, zu spirituellen CEOs zu werden und ihr Business zu x-fach sechsstelligen Umsätzen mithilfe von energetischem Online-Marketing zu skalieren.

Sie ist energetische Therapeutin, Transaktionsanalytikerin, ehemalige Führungskraft in einem globalen Konzern, Führungskräfteentwicklerin und strategische Personalentwicklerin.

Sie glaubt an das Recht jeder Frau, ihr wahrhaftiges Potenzial leben zu dürfen und an Herz und Verstand im Business. Ohne Intuition bleibt Business eindimensional und wird seines Potenzials beraubt.

Viele Kundinnen und Interessenten beschreiben sie als ganzheitlich denkende und handelnde Coachin und Mentorin, die mit einem 360°-Blick aufs Business und ihre hellfühlenden Fähigkeiten inspiriert.

Sie hilft Unternehmerinnen in Aktion zu kommen und zu lernen, dass Strategie, Mindset, Marketing und Technik nichts sind, wovor sich frau fürchten muss. Ganz im Gegenteil, diese Tools sind willige Diener auf dem Weg zum außergewöhnlichen Erfolg und für sie da.

Als alleinerziehende Mutter einer großartigen Tochter, weiß sie genau, wie wichtig Work-Life-Balance ist.

Du kannst Siggy über ihre Webseite oder per Mail jederzeit kontaktieren

Webseite: www.siggyreutter.com
E-Mail: info@siggyreutter.com

Statt eines Nachworts

Manifest für den spirituellen CEO

- Wir betreiben unser Business aus der Tiefe unseres Herzens.
- Business und fühlendes Bewusstsein gehören zusammen.
- Wir wissen, dass wir multidimensionale Wesen sind.
- Wir gehen immer für menschliches und persönliches Wachstum.
- Wir kennen unsere Mission und wir stehen für sie ein.
- Widerstand ist für uns Zeichen des Wachstums.
- Wir erlauben uns, alles zu erreichen, was wir wollen.
- Wir agieren aus unserem zukünftigen Ich heraus und leben es bereits heute.
- Wir arbeiten ständig an uns selbst.
- Wir wissen, dass unser Business aus dem höheren Selbst heraus gelebt werden will.
- Wir übernehmen komplett die Selbstverantwortung.
- Wir sind bereit durch Zeiten der Schwierigkeiten zu gehen und uns nicht als Opfer zu sehen.
- Jeden Tag arbeiten wir daran, uns zu verbessern.
- Der Erfolg unserer Kunden ist unser oberstes Ziel.
- Wir wissen, dass unser Business eine Reflexion unserer eigenen Energie ist und es nur so weit wachsen kann, wie wir wachsen.
- Wir wissen, dass unser Business nicht dadurch wächst, indem wir mehr arbeiten.
- Wir sind aber jederzeit bereit, eine Extrameile zu gehen – vor allem außerhalb unserer bisherigen Komfortzone.
-

- Wir wissen das Vertrauen und innere Sicherheit die Grundlagen für Erfolg sind.
- Wir geben Geld aus, um Geld zu verdienen.
- Wir wissen, dass Investments bedeuten, dass wir uns die Erlaubnis zu mehr Erfolg geben.
- Wir investieren in unser Business, je nachdem wie schnell wir wachsen wollen. Großes Wachstum = großes Investment.
- Wir wissen, dass unser höheres Selbst und unsere Intuition unsere besten Ratgeber sind.
- Je mehr wir vertrauen, desto mehr bekommen wir und desto weniger Limits gibt es.
- Wir sind bereit zu scheitern – mehr als einmal und sehen es als Erfahrung, die unsere Seele machen will.
- Uns sind klar, was wir für unser Business brauchen und jagen nicht der neuesten Mode hinterher.
- Wir wissen, dass unser Traumteam uns den Weg zu mehr Wachstum ermöglicht.
- Wir lieben unsere Kunden und Mission mehr als unsere Ängste.
- Wir wissen, dass unsere Energie in allen Aktivitäten und Bereichen des Unternehmens gespiegelt wird.
- Wir träumen groß und erlauben uns, alles zu erreichen
- Wir bieten unsere Programme oft an, mit Sicherheit und mit Leidenschaft.
- Wir retten unsere Kunden nie, wir geben ihnen Kraft und Power.
- Wir wissen, was wir wollen mit Herz und Verstand.
- Wir zeigen dem Universum genau, was wir brauchen und überlassen es ihm, zu entscheiden, wann es liefert.
- Wir feiern unsere Erfolge – oft!
- Wir sind fokussiert und klar in unserem Business.
- Wir leben unsere Gefühle im Business und sind menschlich.

- Wir treffen auch unangenehme Entscheidungen.
- Unsere Energie und Glück kommen zuerst und wir kümmern uns gut ums uns selbst und unser Business.
- Wir sind in kompletter Klarheit und Kontrolle über unser Geld.
- Wir fühlen uns gut, viel Geld zu verdienen.
- Wir fokussieren uns auf unser Wachstum, unsere Kunden und unseren Einfluss.
- Je mehr Wert wir uns selbst geben, desto mehr Wert gibt uns die Welt.
- Wir nehmen uns Auszeiten, aber wir stoppen unser Geschäft nicht.
- Wir wissen, dass es immer eine Lösung gibt.
- Wir übernehmen selbst die Verantwortung und überlassen es nicht dem Universum.
- Wir sind Frauen und Männer, die andere inspirieren.
- Wir lieben es zu geben und wir geben viel.
- Wir sind achtsam mit uns und unsere Kunden.
- Wir sind nicht mit unseren Erfolgen persönlich identifiziert.
- Wir wissen, dass wir im Einklang mit unserem Wert agieren wollen und müssen, deswegen sind wir immer auf dem richtigen Weg.
- Wir wissen, dass unser Ego manchmal hören will, wie wichtig wir sind, aber unser höheres Selbst weiß, dass dem nicht so ist.
- Wir wissen, dass alles, was passiert, ein Geschenk ist.
- Wir sind außergewöhnlich!
- Wir sind Liebe und Frieden zuallererst selbst.
- Wir sind dankbar und vergeben uns selbst und unseren Nächsten.
- Wir handeln ethisch und menschlich.
- Wir ehren uns selbst sowie unsere Kundinnen und Mitarbeiter.

Danksagung

Von Herzen möchte ich mich bei all den wichtigen Menschen in meinem Leben bedanken, ohne die ich dieses Buch niemals geschrieben hätte. Diese Menschen haben mich zu der Frau werden lassen, die ich heute bin.

Meine Eltern, meine Mama und mein Papa: ohne Euch hätte ich all das, was eine Unternehmerin mit Ethik und Werten braucht, niemals gelernt. Ihr habt mir die Verlässlichkeit und die Ehrfurcht vor den Menschen und vor Gott gelehrt. Eure Hingabe, mir die beste Ausbildung zu ermöglichen, war ein so wichtiger Baustein in meinem ganzen Leben. Und: Ihr habt mir gezeigt, wie bodenständige Arbeit, Wille, Disziplin und Klarheit im Leben helfen, seine Ziele zu erreichen.

Meine Kundinnen aus ganz Europa: Ihr seid die Quelle meines Lernens, Ansporn, mich zu verbessern, und Inspiration für verschiedene Inhalte meines Buches. Eure Erfolge sind es, die dieses Buch entstehen lassen haben. Ohne Euch, hätte ich es nie geschrieben.

Nora Lu, die hingebungsvoll Wort für Wort bearbeitet und überarbeitet hat. Dein wertvolles Know-how und deine Hinweise waren so wertvoll.

All meine Professoren, Mentoren und Coaches, die mich bisher begleitet und es mir ermöglicht haben, dieses Wissen und diese Erfahrungen zu sammeln.

Meine Tochter Alina, die mein berufliches Engagement mit Gleichmut erträgt und mir sogar immer wieder im Business hilft.

Anne-Barbara: Ohne deinen Hinweis, wie ich dieses Buch schreibend und arbeitend kreieren kann, hätte ich es nie gewagt. Du warst es, die mich mit meinem Verlag in Kontakt gebracht hat.

Max vom Remote Verlag und alle Mitarbeiter: danke für Eure schnelle und unkomplizierte Zusammenarbeit.

Und nicht zuletzt Du – danke an Dich meine liebe Leserin. Ohne Dich, wird dieses Buch nicht gelesen und ohne Dich wäre alles Wissen leer.